彩图1　浙江省衢州市石梁镇坎底村的橘海

彩图2　2016年1月低温引起的柑橘
冻害

彩图3　柑橘产业转型发展培训

彩图4　浙江省衢州市柯城区九华上宅柑橘精品园

彩图5　修建道路通橘园

彩图6　椪柑春季疏大枝

彩图7　疏树疏大枝改造后的椪柑园种植
　　　　绿肥

彩图8　疏树疏大枝后的早熟温州蜜
　　　　柑园

彩图9　初夏连栋大棚设施栽培的椪柑园

彩图10　初冬连栋大棚设施栽培的椪柑园

彩图11　椪柑园覆盖反光地膜

彩图12　早熟温州蜜柑园覆盖透湿性反光地膜

彩图13　坡地设施栽培蜜橘园覆盖反光地膜

彩图14　胡柚果实套纸袋

彩图15 挂树套纸袋至12月初的完熟胡柚果实

彩图16 橘园使用太阳能杀虫灯

彩图17 用杉木板防治天牛

彩图18 椪柑园挂黄板

彩图19 柑橘病虫害绿色防控示范基地

彩图20　橘园打孔施肥技术

彩图21　橘园安装了山地轨道车

彩图22　生草胡柚园7月上旬刈草覆盖

彩图23　椪柑园留草栽培

彩图24　红美人高接树12月中旬的果实

彩图25　大棚设施栽培的春香结果情况

彩图26　大棚设施栽培满头红12月中旬的果实

彩图27　大棚设施栽培天草12月中旬的果实

彩图28　大棚设施栽培不知火2月中旬的果实

彩图30　露地栽培甜橘柚12月上旬的果实

彩图29　大棚设施栽培沃柑1月中旬的
果实

彩图31　柑橘容器育苗根系壮

彩图32　柑橘高接换种新梢的生长情况

彩图33　温州蜜柑高接换种
天草的新梢抽发情况

彩图34　柑橘冷库储藏保鲜

彩图35　传统柑橘果实分级

彩图36　新型柑橘果实分级线

彩图37 衢州椪柑品牌包装箱

彩图38 常山胡柚品牌包装箱

彩图39 国家地理标志产品保护
示范区（衢州椪柑）

彩图40 柑橘出口加工基地

彩图41　柑橘出口技术培训

彩图42　参加评比的衢州市柑橘
　　　　新品种

彩图43　专家、消费者、橘农代表
　　　　一起评比柑橘

彩图44　盆栽天草及其果实

彩图45　盆栽椪柑及其果实

彩图46　药用胡柚小青果切片

彩图47　橘园散养土鸡

彩图48　中国常山胡柚产业发展论坛

彩图49　农民橘园里画丰收

彩图50　外国游客采摘柑橘

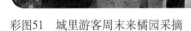

彩图51　城里游客周末来橘园采摘

彩图52　游客采摘早熟蜜橘

浙江省农业（果品）新品种选育重大科技专项课题（柑橘新品种选育）
浙江省重大科技专项重点农业项目（椪柑和胡柚果实低碳节能适温物流关键技术研究与示范）
浙江省柑橘区域试验站（低山丘陵柑橘新品种引试和节本优质省力化新技术集成与示范）
衢州市农业科学研究院水果新品种选育和栽培科技创新团队
浙江大学科学技术研究院院长、教授、博士生导师陈昆松工作站
衢州市科技计划项目（柑橘新品种选育引进筛选试验与示范推广）

精品橘园管理与新型营销50问

刘春荣 主编

中国农业出版社

图书在版编目（CIP）数据

精品橘园管理与新型营销 50 问 / 刘春荣主编. —北京：中国农业出版社，2017.11
ISBN 978-7-109-23426-0

Ⅰ.①精… Ⅱ.①刘… Ⅲ.①柑桔类－果树园艺－问题解答 ②柑桔类－营销－问题解答 Ⅳ.①S666－44 ②F762.3－44

中国版本图书馆 CIP 数据核字（2017）第 248655 号

中国农业出版社出版
（北京市朝阳区麦子店街 18 号楼）
（邮政编码 100125）
责任编辑 冀 刚

中国农业出版社印刷厂印刷　新华书店北京发行所发行
2017 年 11 月第 1 版　2017 年 11 月北京第 1 次印刷

开本：850mm×1168mm　1/32　印张：3.25　插页：6
字数：100 千字
定价：22.00 元
（凡本版图书出现印刷、装订错误，请向出版社发行部调换）

编写人员名单

主　　编：刘春荣

副 主 编：方培林　郑雪良　徐锦涛　陈健民

参编人员（按姓氏笔画排序）：

王清渭　王登亮　方利民　卢志成　叶先明

毕旭灿　杨　波　吴文明　吴雪珍　余耀飞

陈石华　郑江程　赵世清　胡宗仁　查　波

翁水珍　程红芬

前　言

　　衢州柑橘种植有 1 400 多年的历史，在明清时为全国著名柑橘产地。中共十一届三中全会以来，衢州市柑橘业得到飞速发展，成为浙江省最大的柑橘产区，也是衢州市种植面积最大、涉及农户最多的农业主导产业。2015 年，全市有柑橘种植面积 3.39 万公顷，产量 64.9 万吨，产值约 13 亿元。其中，椪柑 2 万公顷，占 59.0%；胡柚 0.95 万公顷，占 28.0%；温州蜜柑 0.37 万公顷，占 10.9%；其他 0.07 万公顷，占 2.1%。

　　衢州市森林覆盖率高达 71.5%，是浙江省唯一拥有国家一级饮用地表水源的城市，为《全国生态环境保护纲要》所确定的九大生态良好地区之一。2002 年，衢州市被确定为全国生态示范区建设试点地区，同年被列入农业部浙-闽-粤优势柑橘产业带，是"柑橘癌症"黄龙病的净土，具有生产无公害柑橘、绿色柑橘和有机柑橘的生态基础。衢州市从 20 世纪 90 年代末，推进"三疏一改（疏树、疏枝、疏果和改偏施化肥为增施有机肥）"等技术推广活动，柑橘质量有较大的提升，品种结构得到改良。

　　近年来，由于全国柑橘种植面积不断增加，柑橘市场日趋饱和，一般品质的柑橘已供过于求，时不时出现滞销卖难。衢州市柑橘呈现品种退化、橘园老化、管理弱化等趋势，柑橘产业深层次矛盾突显，主要存在柑橘小规模分散经营、橘园基础设施和生产条件差、优质高产标准化生产技术难推广以及品种结构不合理、品质不优、品牌不强等问题，影响了农民增收，亟须转型发展。2015年产季衢州柑橘销售不畅；2016年1月下旬，35年不遇的极端强寒潮天气对柑橘生产造成了严重影响，受灾面积达80%以上。衢州柑橘面临滞销和冻害双重危机，给柑橘产业发展带来困难，同时也提供了解决问题的机会。

衢州市委、市政府决定抓住这次柑橘大冻害的契机，全面动员、乘势而上，坚决打好柑橘产业转型升级这场硬仗，推进柑橘产业供给侧结构性改革，从根本上解决衢州柑橘的出路问题，经充分调研和广泛讨论，出台了《市委办公室、市政府办公室关于加快柑橘产业转型发展的实施意见》（衢委办发〔2016〕20号），围绕柑橘减量提质、品种改良、品牌建设等重点，咬定转型不放松，增强扶持力、下好规模棋、走好创新路、念好市场经，通过退橘还耕、淘汰"三低"橘园去产能、去库存；推进橘园流转、橘园改造、精品园建设、品种改良、设施栽培，培育规模化、专业化柑橘家庭农场，提升品质；统筹整合涉农项目资金，加大财政扶持力度，引导多元投入，为柑橘转型升级奠定金融基础。

衢州市农业科学研究院充分发挥人才优势和资源优

势，牵头承担衢州市柑橘产业转型发展的技术方案制订工作，从 2016 年初开始组建技术小组，征求了浙江大学校长助理、博士生导师陈昆松教授、浙江大学陈力耕教授、华中农业大学伊华林教授、浙江省柑橘研究所徐建国研究员、浙江省经济作物管理局徐行焕副局长、浙江省农业技术推广中心孙钧研究员等专家意见，将衢州市柑橘产业转型升级的主要品种、技术、模式分 50 个主题以问答的形式总结整理，至同年 8 月底完稿，形成《衢州市柑橘产业转型发展五十问》初稿。《衢州市柑橘产业转型发展五十问》于 2016 年 5 月 19 日开始在《衢州日报》"新农村"专栏中分期刊出，至 2017 年 4 月 11 日全部刊登完毕。受到各有关单位和广大橘农的欢迎，前来咨询的人员较多。

　　为便于柑橘生产加工经营主体工作人员携带参考，特结集出版。衢州市在柑橘产业转型发展方面先行先试，探索创新品种改良、品质提升、销售提升和产业融合等综合技术和生产经营模式，我们的经验和思考对其他地区的柑橘产业发展、柑橘供给侧结构性改革也有借鉴参考价值和示范作用。经与中国农业出版社联系接洽，将书名改为《精品橘园管理与新型营销 50 问》。限于编者水平，不当之处在所难免，敬请读者批评指正。

编　者

2017 年 7 月

目　录

前言

生 态 果 园 篇

产 业 融 合 篇

政策背景篇

1. 衢州市柑橘产业为什么要转型发展？

答：（1）是因为柑橘产业凝聚了衢州几代人创业实践的汗水和成果，需要重新焕发生机。衢州柑橘拥有 1 400 多年历史，特别是 1984—1997 年期间，衢州柑橘产业进入高速发展期，到了 1997 年之后，衢州柑橘种植面积基本稳定。51 万亩*面积、65 万吨产量、涉及 60 万名农民的收入，柑橘是维系着几代衢州人情感、生活和梦想的致富果、幸福果。

但是，如今市场供求发生了很大变化，衢州柑橘因为品质不高、品牌不响等，"卖难"现象时有发生，价格一直低位徘徊，几年来均价都在每千克 2 元钱左右，多次出现柑橘价贱亏本、农民减收的问题。让衢州柑橘产业重新焕发生机，也是广大橘农的共同呼声。

（2）是因为农业供给侧结构性改革为衢州柑橘产业转型发展指明了方向，需要找差距、补短板。2016 年，是我国供给侧结构性改革的攻坚之年，为衢州柑橘由低端的"好多"向中高端的"好销"转变，打开了新的政策窗口。

总体来看，衢州柑橘产业存在 3 个"短板"：从生产环节来看，柑橘生产经营主体规模较小、疏于管理是最根本的"短板"；

---

* 亩为非法定计量单位。1 亩＝1/15 公顷。

从柑橘品质来看，因为温度偏低、光照不足等气候原因，柑橘糖度不高，有的偏酸，是柑橘品质有待提升的"短板"；从品牌和销售环节来看，衢州柑橘品牌杂、小、乱，销售价格低，种橘效益不高，制约着广大橘农的持续普遍增收，品牌和价格是"短板"。

为此，要通过加快推动土地向柑橘合作社、大户和工商业主流转，发展标准化基地，创办柑橘家庭农场等措施，补齐补好生产规模小、组织化程度不高的短板；通过推广大棚设施栽培、加强技术攻关和提高适用水平，做好"增糖降酸"的文章，补齐补好品质短板；通过打造区域统一的柑橘品牌和提升品牌竞争力，补齐补好品牌和价格的短板。只要如此下功夫，综合效益就能提高，最终就能推动衢州市柑橘产业的转型发展。

（3）是因为数次冻害的历史教训，要抢抓历史机遇，做好新供给文章。衢州地处柑橘生产的北缘地带，常遇低温冻害的影响，仅中华人民共和国成立后至 1993 年，就曾遭遇过 7 次较重冻害天气，1999 年、2005 年、2008 年、2011 年也曾遭遇较大冻害的影响。2016 年 1 月下旬，衢州市遭遇 35 年不遇的极端强寒潮天气，对柑橘生产造成了严重影响，受灾面积达 80% 以上，衢州市柑橘产量减产 2/3 左右，对农民增收造成严重影响。柑橘冻害的发生，暴露出衢州市柑橘产业的薄弱环节。冻害既有自然气候条件的因素，也有橘园大棚等基础设施落后、生产管理粗放的因素，说明柑橘产业"靠天吃饭"的局面没有得到根本性的扭转，倒逼我们要提高柑橘产业抵御自然灾害风险能力。

因此，2016 年以来，面对橘农遭受罕见严重冻害，市委、市政府急橘农之所急，想橘农之所想，审时度势，抢抓机遇，做出了关于加快推进柑橘产业转型发展的重大决策部署。

2. 衢州市柑橘产业转型发展的基本原则是什么？

答：一是市场引领，坚持以市场为导向，选准柑橘发展品种，确定适度经营规模，制订自身发展计划。二是农民自愿，政府引导，注重发挥农民的主体作用和政府的导向作用，引导广大农民积极开展柑橘品种改良、品质提升、品牌推广。三是因地制宜、科学布局。根据不同区域的条件，合理确定退橘还耕、品种改良、设施栽培、橘园改造差异化转型发展措施。四是适度规模，品质和效益为先。大力推进橘园流转，培育专业化、规模化种植柑橘的家庭农场，提高精细化管理水平，促进柑橘品质提升。五是坚持政策扶持、多元投入。统筹整合涉农项目、资金，加大财政补贴力度，综合运用小额贷款保证保险、信用贷款、农业设施抵押贷款、柑橘联合社互助担保贷款、贷款贴息、绿色金融扶持等措施，增强农业经营主体发展活力。

3. 衢州市柑橘产业转型发展的主要工作目标有哪些?

答：根据《市委办公室、市政府办公室关于加快柑橘产业转型发展的实施意见》（衢委办发〔2016〕20号）文件，衢州市柑橘产业转型发展的主要工作目标是：2016年，全市淘汰"三低"橘园5万亩，流转橘园5万亩，建立大棚设施栽培橘园5万亩，改造低产低效橘园5万亩，推广优良品种5 000亩，培育柑橘家庭农场1 000个。年出口柑橘达到8万吨，年加工柑橘鲜果达到5万吨，实现柑橘品种显著优化，柑橘品质大幅提高，公共区域品牌的知名度逐步提升，种橘效益明显提升，使柑橘再度成为衢州农民增收致富的重要支柱产业之一。

4. 为什么要淘汰"三低"橘园?

答:"低产、低洼、低效"的橘园简称为"三低"橘园,多指坡度 25°以上山地橘园、易受冻的低洼橘园和衰退老化橘园。

(1) 坡度 25°以上山地橘园极易受干旱、霜冻等自然灾害影响,橘园衰退,且农事操作不便。这类橘园往往产量低、品质差、效益不佳。近年来,由于劳动力价格大幅提高,这类橘园基本亏本经营。

(2) 低洼橘园原来大多种植粮食作物,土壤相对肥沃,但极易遭受低温冻害。经常是树体刚恢复,冻害又来袭,导致树势衰弱、产量低、品质差,很难获取种橘收益。

(3) 衰退老化的橘园主要是由树龄老化、遭受冻害、管理粗放甚至失管等原因造成。这类橘园树势衰退严重甚至荒芜,往往成为病虫害的大本营,不仅自身没有效益,还会影响周边橘园的生产管理。

以上三类橘园都是在 20 世纪 80 年代前后柑橘市场供不应求、种植效益好时建设,那时只要有产量就有效益。现在,柑橘市场总体呈结构性过剩,低品质、高成本的橘园早已没有市场效益。所以说,淘汰"三低"橘园是适地适栽、生产高品质果实的需要,是建设标准果园提高整个产业形象和市场竞争力的需要,是适应市场规律、提高农民土地种植效益的必然选择,因而成为柑橘产业转型发展的重要工作。淘汰"三低"橘园，实施退橘还粮、退橘还菜、退橘还林、退橘还药，是进行农产品供给侧结构改革，促进农业增效、农民增收的重要举措。

5. 如何推动橘园流转工作？

答：首先要坚持"依法、自愿、有偿"原则推进橘园流转工作。在橘园流转的工作中，要保障农民的橘园承包权利益，尊重农民的意愿，跟农民算好橘园流转的经济账、好处账，调动农民参与橘园流转的积极性。确保橘园流转工作有序、高效进行。

具体方法：

一是重点产橘乡（镇）、村要建立橘园流转工作推进小组和工作机制，切实落实责任，将任务分解到人。要广泛宣传橘园流转的意义及橘园流转政策措施；通过走访倾听群众意见，调查了解橘园生产经营状况和流转意愿；做好细致耐心的思想工作，农民由于担心失去园地，所以宁肯抛荒也不愿流转，浪费了柑橘土地资源，让农民知道橘园流转是经营权的流转，承包权还是归原有农户，流转后原有农户仍依法享有橘园承包权的收益和权利；因地制宜制订橘园流转工作方案，分别召开村"两委"会、党员干部会、村民代表会等，调动橘区干部群众的积极性，发动群众、依靠群众、相信群众，千方百计做好橘区群众的宣传工作、发动工作和思想工作，尽快让群众从"要我流转"到"我要流转"转变。

二是重点产橘乡（镇）建立橘园流转服务平台。由于缺乏信息沟通，一方面，农民的橘园租不出去；另一方面，业主租不到想租的橘园。即使有租赁行为发生，也由于缺乏竞争，不能真正体现橘园的价值和租赁业主的意愿。通过建立橘园流转服务平台，收集橘园流转信息，为橘园流转双方提供中介服务，帮助橘农与业主签订规范的流转合同（规范性合同文本详见浙农经发

〔2016〕6 号），让双方都吃下定心丸，让橘园流转双方的权益得到保障。让流转橘园的橘农和主体看到实惠、得到实惠，发挥示范带动作用，让更多的农民参与到橘园流转中来，切实提高橘园的生产经营规模。

三是各产橘村从实际出发帮助农民多种形式开展橘园流转。目前，主要的方式有互换、出租、转包、转让、入股等。

互换是橘农相互之间为了橘园管理方便进行橘园相互交换；出租是橘农将橘园承包经营权租赁给本村以外的人；转包是本村内部农户之间的橘园承包经营权的租赁；转让是指橘农将其拥有的未到期的橘园土地经营权，经村集体许可后，以一定的方式和条件转移给他人的一种行为，并与村集体变更原土地承包合同；入股是农户在自愿联合的基础上，将橘园承包经营权以入股的形式组织在一起，从事柑橘生产，收益按股分红，是一种具有合作性质的流转形式。

由村集体统一流转，相比于个人间的流转，既能保障村民利益，也能够防止承包者对园土实行掠夺性经营。

6. 如何开展基地提升工作？

答：开展基地提升工作是柑橘品质提升的基础。建设规模化、标准化的柑橘生产基地是提升品质和提升销价的基础，是推进衢州市柑橘产业转型发展的根本举措，也是橘农和其他从业主体主动适应市场、追求高效益的必然选择。

（1）基地提升的主要标准。

①环境无污染。基地的土壤、空气、灌溉用水符合国家无公害农产品产地相关环境条件的行业标准。

②园相良好。树冠为自然开心形，通风透光，树冠覆盖率控制在 85%～90%，树势健壮，树高控制在 3 米以下。

③设施配套完善。建设果园操作道、排灌沟渠、蓄水池、滴

灌（或微喷灌）等设施，配备杀虫灯、旋耕机、打孔施肥机等机器。

④土壤肥沃。地下水位在 1 米以上，土层厚度不低于 80 厘米，土壤肥沃，有机质含量在 1.5％以上，土壤疏松，通透性良好，pH 5.5～6.5。

⑤标准化生产。品种苗木从正规渠道引进种植，有植物检疫证、苗木检验证和苗木产地标签。椪柑的生产经营参照《衢州椪柑生产技术规程》，出口椪柑参照《出境注册登记柑橘果园分类管理办法》，其他柑橘品种参照无公害农产品或绿色食品的有关标准进行生产。

⑥质量安全可追溯。从正规有资质的农资店购买农药、肥料等投入品，并有农药、肥料的购买记录、使用记录等；建立基地的农事操作档案，对病虫防治、杂草清除、施肥、采果等农事进行记录。

（2）基地提升的主要措施。

①建设完善基础设施设备条件。一是修建宽 1～1.5 米的操作道；二是建设生产管理用房、农资仓库、果实储藏仓库；三是每 20 亩悬挂 1 盏频振式杀虫灯，每 4 株树悬挂 1 块黄色粘虫板；四是购置旋耕机、打孔施肥机等机器和测糖仪等产品质量检测设备。

②疏树疏枝。疏树疏枝的主要作用是实施密改稀，让每一片树叶和每一个果实都享受到阳光。大龄郁闭橘园通过隔行间伐、间株间伐或梅花形间伐的方式疏树；树龄在 10 年生以下的密植园通过移栽方式疏树。

③改良土壤。衢州的橘园土壤大多为红黄壤，未经改良，肥力低下、酸性过重，有"黏、酸、瘦"等特点，生产的柑橘果实品质劣、风味差、卖相不佳。主要改土方法：一是通过深翻园土时按 10 吨/亩施入杂草、树枝树叶、菌渣、栏肥、堆肥、菜叶、厩肥等；二是橘园实行套种绿肥、留草生草等方法，定期进行生

物覆盖，之后结合深翻压入园土中变成有机质；三是将清塘后的塘泥晒干后还入橘园中，与园土进行拌和；四是按100～150千克/亩撒施石灰，以中和园土酸性。前三种方法主要是增加土壤营养和有机质含量，改良土壤物理结构，使之疏松肥沃。

④改良水利条件。一是按每10亩建1个蓄水池（容积30～50立方米），外悬式为钢筋混凝土结构，下挖式可为砖混结构。蓄水池应建在橘园上方，配套建设集引水沟和沉沙池，蓄水池底部预埋排水闸阀，方便引流灌溉。二是修建宽30厘米、深35厘米混凝土构造的排水沟，可单独建造也可建在操作道两旁。三是截雨面积较大的丘陵低山橘园，应在橘园上端建设宽1米、深1米的拦洪沟（排水沟），与蓄水池相连。四是建设滴灌、微喷灌和肥水同灌设施。

⑤配备人员，加强培训。基地应配备1名生产管理负责人和1名植保员，加强技术培训。包括：无公害农产品、绿色食品、地理标志农产品生产要求，出境果园注册登记备案要求，"三疏二改一补"技术，病虫害绿色防控技术，生草栽培技术，高接换种技术，反光地膜覆盖增糖技术，大棚设施栽培技术，延后完熟栽培技术，柑橘分批采摘技术，柑橘储藏保鲜技术，柑橘采后商品化处理技术，柑橘运输与冷链物流技术，柑橘电商销售方法等。

如何通过橘园改造建设标准橘园？

答：（1）改造橘园基础设施。按标准果园建设要求，建设道路、水利、电力、运输等设施，实施"公路硬化到园、水电供应到园、沟渠贯通到园、机械普及到园、综合防治到园"的"五到园"工程，改造橘园基础设施，改善劳动条件，为省力化栽培提供基础保障。一是主要道路硬化，主路贯通到园、支路进出方便、操作道便利省力。二是园内建设蓄水池，干渠、支渠和排灌水沟相连配套，安装滴灌、微喷灌设施。三是电网布设到园，三相电规范接到橘园，生产生活用电方便安全。四是购置农用车、摩托运输车，山地果园安装轨道运输线。五是安装频振式杀虫灯、果蝇诱捕器等捕虫杀虫设施。六是建设橘园监测系统，包括病虫监测设备、气象自动观测系统，提高橘园的智能信息化水平。

（2）改良橘园土壤。橘园若土壤条件差，则水肥利用率低，劳动生产率低，所以良好的橘园土壤是省力化栽培的物质基础。要求橘园土壤具有保水、保肥、疏松通气等优良物理性状，有机质含量达到1.5%以上，橘园不仅易于实现丰产优质，还节能、省力、降低生产成本。南方橘园大多为红黄壤，未经改良，存在"瘦、酸、黏、板结"等结构肥力特征，土壤有机质及营养元素贫乏，酸性过重，有效水含量低，结构不良易板结。主要通过"扩穴改土、深翻改土"等方式将大量有机质投入到橘园土壤中，达到改良土壤理化性状的目的。可采用小型挖土机、旋耕机等机械进行，在将土挖起的同时将秸秆、杂草、堆肥、栏肥、食用菌渣、塘泥、烧过的煤球等翻压入土中，每亩用粗有机质物质及改良剂10吨。注意不经发酵的粗有机质不得直接接触根系。

（3）改良树体园相。疏树疏枝，平地橘园每公顷留树600株，山地橘园留树250株；主干高25～30厘米，留3～4个主枝，主要应短截主枝顶端、疏除分枝角度小于45°的直立性副主枝和过密的枝（组），使树冠开张，留下的主枝、副枝及枝组搭配合理，树冠呈下大上小的圆头形，覆盖率在90%以下，通风透光，树冠内部的叶片和果实也能享受到阳光照耀。树高在3米以下，绿叶层厚，立体结果。叶片厚、大、绿、净，未受病虫害明显侵染。

8. 精品橘园有哪些标准？

答：精品橘园的标准主要包括以下几个方面：

(1) 基础设施完备。有灌溉水源和微（喷）、滴灌水利设施，实现旱能灌、涝能排；有主干道路和田间操作道路；有必要的管理用房（含仓储用房）；有电力设施，能保障生产和生活用电；有机械选果设备。

(2) 实施标准化生产。有可以参照的柑橘标准化生产技术规程；按照柑橘标准化生产技术规程组织开展生产与管理。

(3) 果品安全有保障。有农药、化肥采购使用管理和果品安全专门负责人员；进行了无公害（或者绿色食品、有机食品）生产基地和产品认证；有农残检测设施和设备，按照要求实施柑橘果品农残检测，并且能上传至当地监管部门。

(4) 精细化管理。树体最高的骨干枝在 2.5 米以下，形成独立树冠；树与树之间留有 20 厘米以上空隙；橘园园相整齐，骨干枝和侧枝配置合理，生长正常；无明显病虫害；适时采收；优质果率（果型整齐、果面整洁、椪柑果实横径 6.5 厘米以上）达到 80% 以上；果实糖度在 12 度以上。

(5) 品牌建设。有注册商标；椪柑和胡柚分别使用"衢州椪柑"和"常山胡柚"区域品牌标志；有专用的包装箱（盒）。

(6) 对于大中型的精品橘园，规划布局应当科学合理。

另外，对于 2016 年创建的市级柑橘精品园，除以上要求外，还必须同时达到以下要求：

(1) 柑橘精品园建成后应当集中连片，柑橘种植规模 100 亩以上，其中新建标准大棚设施 50 亩以上，种植品种中新建大棚设施椪柑面积应当达到 20 亩以上。

(2) 柑橘精品园应当具有稳定的经营面积和流转经营关系，土地流转或租赁承包的有效年限需在 10 年以上。

(3) 柑橘精品园项目实施主体应当是柑橘家庭农场、农民专业合作社、农业企业等新型农业经营主体。

(4) 柑橘精品园项目实施主体 2016 年度投资于市级柑橘精品园项目建设的资金不得低于 400 万元。

主 体 提 升 篇

9. 如何培育规范性柑橘家庭农场？

答：（1）培育规范性柑橘家庭农场的意义与作用。

首先，培育规范性柑橘家庭农场是衢州市柑橘产业转型发展的重要工作，是解决谁来种柑橘、种柑橘能不能增加收入的现实选择。通过橘园流转促进适度规模生产经营，让家庭农场的柑橘生产面积达到 30 亩以上，使这些农民可以通过经营农场维系生活，通过专业化、标准化、精细化管理增加收入，改变目前橘园碎片化、生产粗浅化、经营兼业化、效益低下化的不利局面。

其次，是提升衢州柑橘品质和市场竞争力的关键所在。适度规模的柑橘家庭农场是实施集约化经营的前提，通过集聚生产要素，增加投入，建设和完善橘园生产条件，实施标准化生产，建立农产品质量安全管理制度，变粗种薄收为精细化管理，着力于提升品质，才会逐渐养成质量意识、品牌意识、市场竞争意识。

最后，是柑橘业增效、农民增收的前提和基础。农民有了家庭农场，才会更加专心学习先进技术、管理经验，采用优良品种与先进生产技术，应用先进实用的生产机械，想方设法提高劳动生产率，提高果实品质和商品性，降低生产成本，增加生产效益。橘园流出方才能得到合理的租金，安心外出打工赚薪金。为培育更多的规范性家庭农场奠定经济、社会基础，使橘园流转工作自愿、有序、双赢，从而实现柑橘业增效和农民增收的目标。

（2）培育规范性柑橘家庭农场的主要措施。

·是要引导、扶持农民将橘园向种橘能手、贩销大户和龙头企业流转，以乡（镇）、村的农场和集体承包地为基础，以种植大户和实体性农民柑橘专业合作社为主体，建立适度规模的柑橘家庭农场，每个农场有 30 亩以上相对连片的橘园。

二是要办理法人登记，取得进入市场的法人身份，适应现代社会消费者和市场需求的变化。政府相关部门对家庭农场的注册登记和规范性发展提供免费的咨询服务、政策帮扶和技术指导。

三是要建设和完善生产条件。家庭农场要有生活必备设施、生产管理用房、农资储藏仓库、产品储藏分级包装场所。建设改良橘园的水电路等基础设施，达到"公路硬化到园、水电供应到园、沟渠贯通到园、机械普及到园、综合防治设施到园"的标准。

四是选择技术标准，建立生产管理制度。根据农场的生产管理条件和水平，按照无公害农产品、绿色食品、有机食品或地理标志农产品（简称为"三品一标"）的标准，制定生产管理制度和生产技术操作规程，使农场的生产管理和经营按标准和制度进行。

五是加强技术培训。各涉农部门加大对家庭农场经营人员的培训力度，深入开展"三品一标"、产品质量安全、标准化生产技术、经营管理、市场营销等多方面的培训，着力提高农场主及成员的文化素质、技术素质和经营管理水平。

六是要树立品牌。每个农场都注册一个商标，进行无公害农产品、绿色食品、有机食品或地理标志农产品的认证。建立农资档案和农事档案，完善农产品质量安全追溯制度。产品使用专门的包装箱，包装箱上注明母品牌和子品牌，母品牌是指区域公共品牌"衢州柑橘"，而子品牌是指农场注册商标，标明参照标准名称、产品数量、产品等级、生产单位、联系电话等。

（3）规范性柑橘家庭农场获得技术帮助和服务的途径。规范性柑橘家庭农场负责人和成员可以直接咨询衢州市柑橘产业转型发展技术服务团队，该服务团队是根据市委、市政府的要求由农业部门负责组建的，共有 100 个技术指导小组，其中省级专家组 1 个，市级专家组 3 个，柯城区 30 个，衢江区 26 个，龙游县 9 个，江山市 10 个，常山县 21 个，成员涵盖省、市、县各级农业专家和衢州市土生土长的柑橘种植经营能手，专业包括品种、栽培、土肥、植保、农机、储藏、物流、加工、营销等领域。衢州"移动农技 110"平台上公布了每个技术服务成员的单位、职务职称和联系电话。咨询时可通过手机登录该平台，找到所需要的团队成员，然后用电话联系。也可以通过"衢州农技 110"网站（http：//www.nj110.com）的"农业 110 咨询"平台进行线上咨询。

品 质 提 升 篇

10. 柑橘大棚设施栽培有哪些优点和技术要求?

答:(1) 柑橘大棚设施栽培的优点。在衢州进行大棚设施栽培主要是为了让柑橘果实发育有一个更好的环境,达到增糖降酸、改善外观的目的,从而生产精品果实,打造高端品牌。衢州夏秋季节温度高、光照充足,有利于柑橘品质的形成。进入 11 月以后,气温下降较快,昼夜温差大,有利于柑橘果实糖分积累。但与此同时,果实易遭受低温、霜冻危害,果面受冻出现油斑。有些年份该时期雨水偏多,果实不得不在雨停后立即采摘,这样的柑橘果实不耐储藏运输,在储藏期易发生病害,造成腐烂率高,缩短销售时间,影响销售价格。但对于衢州椪柑等晚熟品种来说,延迟采摘是提高果实品质、增糖降酸的重要措施,延迟 1 个月采摘椪柑,果实糖度提高 1 度,风味口感明显变好。所以说,实施大棚设施栽培既提高了品质,又避免了低温冻害和雨水多的危害,是生产精品椪柑、占领高端市场的必要之路。对于全年覆盖薄膜的大棚设施栽培来说,由于遮挡了雨水和风,阻断了大多数病害的传播,因此黑点病、黄斑病等很少发生,果面光洁漂亮,又提高了果实的商品性。

(2) 柑橘大棚设施栽培的要求。柑橘大棚设施栽培有两种类型:一是标准连栋大棚,抗风抗雪防冻能力强,但造价高,每亩大棚成本为 5 万~6 万元;二是简易大棚,主要遮挡风雨,抗雪防冻能力弱，但造价低，每亩大棚成本为 1 万～2 万元。

进行大棚设施栽培的橘园应具备以下条件：

①土壤疏松肥沃。要求土壤有机质含量在 1.5％以上，pH 5.5～6.5，直观标准是土壤疏松、颜色深、蚯蚓多、橘树白色须根和毛细根多。土壤易板结、肥力低的园地要经深翻改土后才能进行大棚设施栽培，主要措施是每亩压入 10 吨秸秆、稻草、菌渣、菜叶、栏肥、厩肥、堆肥、杂草以及疏除的橘树枝叶，经 3 个月以上发酵后再搭建大棚为宜。

②有水源和排灌设施。大棚设施由于雨水不能直接进入园土，所以要求橘园有水源、建好水渠、滴灌、微喷灌和排水沟等水利设施，达到旱能灌、涝能排的要求。

③树冠通风透光。树体进行疏树疏枝等技术改造，疏除扰乱树形的大枝、遮挡阳光的过密枝、枯枝。树冠覆盖率在 90％以下，树高 2.5～3 米。

④注意大棚管理。一是低温天气要将薄膜放下保温，而晴天一定要防止由于气温上升过快、过高使叶片和果实受热害被灼伤。晴天气温超过 35℃时，要将两边的薄膜拉起来，高出地面 1 米左右，通风降温。大棚栽培柑橘果实成熟期，要及时灌溉，保证土壤中水分充足。采收前 1 个月以内，尽量不灌水，保持适当干燥，提高果实品质。

11. "三疏二改一补"之"三疏"是指什么？如何进行"三疏"？

答："三疏二改一补"是针对衢州实际而提出的橘园改造和提高果实品质技术措施的简称。"三疏"是指疏树、疏大枝和疏果，"二改"是指改善水利和改偏施化肥为增施有机肥，"一补"是指补充中、微量元素。

"三疏"具体方法如下：

（1）**疏树**。疏除过密的橘树，使保留的橘树在橘园内均匀分布。要求平地橘园通过疏树减少至每亩 40 株，山地橘园通过疏树减少至每亩 50 株。

（2）**疏大枝**。通过疏大枝和压顶，改善树体和整个橘园的光照条件。疏大枝时，锯除树冠中部过多大枝，保留 3～5 个主枝，改善树冠内部通风透光条件；同时，通过压顶使树体最高的骨干枝在 2.5 米以下，整个橘园光照充足。

疏大枝时要注意：锯除大枝要从基部去除；疏大枝后，对内膛抽发的芽不要抹除，可通过摘心，使其形成良好的结果母枝。

（3）**疏果**。疏果对椪柑等中迟熟品种具有明显增大果实的作用。疏果时间：一般早熟品种从 6 月底或 7 月上旬，椪柑等中迟熟品种从 7 月中旬定果后开始，逐步疏到 9 月中旬基本结束。在这期间，疏果越早效果越明显。具体操作方法是：先疏掉病虫果和畸形果，然后根据树冠挂果多少，再决定是否要继续疏去小果或其他影响品质的果。确定树冠挂果多与少，常用的有两种办法：一是按计划产量确定。如树势正常、亩栽 40 株成龄椪柑，计划亩产 2 500 千克左右，要求一级以上果达 80％以上，那么采收前每株树大约有 500 只果子就够了。这样，在定果时疏去病虫果、畸形果后，树上挂果仍明显多于 500 只时，就可以继续疏除小果。对温州蜜柑或胡柚等品种，还可以疏除树冠顶部果梗特粗的朝天果，因为这类果容易生成粗皮大果或易发生日晒病。二是按叶果比进行疏果。一般温州蜜柑、胡柚、脐橙、椪柑的叶果比分别在（30～35）∶1、（60～70）∶1、（60～80）∶1 和（80～100）∶1 时，能生产出较好的果子。如叶果比太小，说明挂果过多，可以疏除一定量的小果或其他可能影响品质的果。

12. "三疏二改一补"之"二改"是指什么? 如何进行"二改"?

答: "二改"是指改善水利和改偏施化肥为增施有机肥, 具体方法如下:

(1) 改善水利。修建蓄水池和"三面光"灌水沟渠, 有条件的种植大户、农场也可以安装微喷 (滴) 灌及肥水同灌设施, 同时修通排水沟渠, 使整个橘园达到涝能排、旱能灌, 灌水能到树。

(2) 改偏施化肥为增施有机肥。避免偏施化肥, 结果橘园年施有机肥占总施肥量的 40% 以上; 土壤瘠薄、易板结、有机质含量在 1% 以下的橘园应进行 1 次彻底改土。即在入冬前后或早春萌芽前进行深翻, 深度在 30 厘米左右, 结合深翻压入腐熟的秸秆、稻草、菌渣、栏肥、堆肥、塘泥 (晒干)、修剪下的橘树枝叶等粗有机肥, 以增加土壤有机质、改良土壤物理结构、增加保水保肥性。标准为每亩用 10~15 吨粗有机肥, 深翻改土时要注意少伤根, 受伤的根要剪平伤口, 没有腐熟的粗有机肥不能靠近根系, 以免发酵发热烧伤根系。每年在 3 月上中旬亩施商品有机肥 400 千克, 逐步改良土壤, 使有机质含量达到 1.5% 以上。此外, 对于酸性土壤, 应当每年亩施熟石灰 100 千克左右, 逐步使土壤 pH 达到 6~6.5。

13. "三疏二改一补"之"一补"是指什么? 如何进行"一补"?

答: "一补"是指补施中、微量元素。衢州市大部分红黄壤橘园容易发生缺素症, 尤其是种植多年的老橘园。在进行橘园改造时, 应当在增施有机肥的基础上, 根据发生缺素症的实际情况，在花期至幼果期补充施用硼、镁、锰、锌和钙等中量元素和微量元素。补充硼、锰、锌和钙，可以购买相应的叶面肥进行根外追肥。

对缺镁的橘园，可以采用土壤施用氧化镁。具体方法是：

（1）春季在土壤中施氧化镁，初次每株施氧化镁为 0.5～1 千克；以后施用量可适当减少，每年每株施用 0.25～0.5 千克。

（2）过量施用钾肥会使缺镁症状表现更加明显。因此，应当控制钾肥施用，按照 N∶P∶K＝1∶0.5∶0.8 的比例，不要过多施用钾肥。

（3）对于保水、保肥性差的沙性土壤，应该分别在 3 月和 5 月分两次施用氧化镁。

此外，在深翻改土时施入氧化镁，还有利于扩大根系的吸收范围，缺镁症矫治效果会更好。

14. 橘园覆盖反光地膜有什么作用？怎样操作？

答：（1）橘园园地覆盖反光地膜的作用。橘园园地覆盖反光地膜是现代柑橘生产提高品质的一个重要措施。秋季覆盖反光地膜，既可保温控水，又可增加反射光照，尤其是树冠中下部叶片接受的光照强度明显提高，从而增强树体光合作用。试验表明，覆盖反光地膜的橘园果实糖度提高 1 度左右、酸度降低，果实着色更深、更鲜艳，最终达到提高果实品质的目的。橘园覆盖反光地膜除了提高果实品质外，还有防除杂草、防止果实受日灼的作用。

（2）橘园覆盖反光地膜的操作。

①覆膜前的准备工作。一是修剪，使树冠通风透光。先去除树冠内膛的直立大枝，再疏除枯死枝、过密枝、病虫危害枝，将上一年的结果枝组短截至基部（留 2～3 厘米长），让最内膛也有

光线照进来，开通阳光通道。二是选购反光地膜：一种是透湿性反光地膜（微孔银白色，膜孔径 0.05 毫米），覆盖后土壤水分可透过膜蒸发，但雨水不能透过膜进入土壤，有透湿、透气性；这种膜从日本、美国进口，但价格较高，每亩膜成本 8 000～9 000元，能用 3～5 年。一种是国产银黑双色反光地膜，除了有反光性能外，还能阻断雨水进入土壤，但土壤水分不能透过膜蒸发，每亩膜成本 1 500～1 800 元，能用 1 年。

②园地整理。将橘园 1 行或 2 行整成 1 畦，畦沟深 30～40厘米以利排水。清除园地上的石块、杂草、枯枝，将大土块敲碎进行平整。

③安装滴灌带。原则上每畦安装 2 行滴灌带，每行滴灌带每棵树离基部附近 20 厘米处相对方向保证各有 1 个滴孔。

④覆膜操作。没有滴灌设施的橘园，在果实品质形成中后期进行覆膜，其中早熟温州蜜柑在 9 月下旬，椪柑在 10 月中旬；安装滴灌设施的橘园，在生理落果结束后即开始覆膜，其中早熟温州蜜柑在 6 月底至 7 月上旬，椪柑在 7 月上旬。没有滴灌设施的橘园在降大雨后 7～8 天覆膜为宜。将反光地膜纵向铺开，遇树干则将膜剪开把树干包住，用小块膜将剪开膜的接口处粘合并用胶带扎实，以防雨水从接口处流入树盘内。畦沟内相邻两畦的覆膜应叠接。膜铺好后将石块或小沙袋置于膜上，防止风掀开膜。

（3）橘园覆盖反光地膜后的管理。

①灌溉。当树上的叶片出现微微卷曲，而翌日清晨能恢复时说明可以灌水了。每次开滴灌 3～4 小时，灌水量为每平方米 10千克。注意灌水过量会引起裂果，也降低增糖效果。采收前 15天停止灌溉。

②收膜储存。果实采收后将反光地膜收起，卷成筒投入水塘、湖泊中保存，延缓薄膜老化，翌年再用。

15. 柑橘果实如何进行套袋完熟栽培?

答:柑橘果实套袋完熟栽培技术是近几年兴起的生产柑橘精品果的新技术,套袋完熟柑橘果实主要供应高端市场、礼品市场。

(1) 柑橘果实套袋完熟栽培的作用。柑橘果实套袋完熟栽培是将果实套上纸袋挂树达到充分成熟以后采收,以提高果实品质的栽培方式。柑橘果实经套袋后,含糖量增加,含酸量减少,风味明显变佳,且果面光洁,着色均匀,商品性增强。而且由于纸袋的隔离保护作用,果实能避免农药和粉尘的污染,果实的质量安全水平大大提升。果实套袋挂树越冬还能避免霜冻以及吸果夜蛾和鸟类的危害。套袋完熟栽培的柑橘果实味甜爽口、汁多化渣、香气浓郁、果色橙红(橙黄)美观,品质内外兼修。

(2) 品种、园地、橘树及套袋果实选择。早熟温州蜜柑、胡柚、脐橙、天草、春香、甜橘柚、不知火、红美人等柑橘品种适合套袋完熟栽培。果实套袋期间最低气温在 -5℃的地方不宜进行套袋栽培。应避免排水不畅、冷空气易沉积的洼地橘园,选择光照好的坡地橘园。初结果树和衰弱树不宜套袋,选择结果稳定后的成年健壮树为佳。

每株套袋的果数不超过当年挂果量的 30%。选择果型小、着色不良、在树冠内膛的果面光滑果实留下套袋,其余不适宜套袋的果实在正常时期采摘。在衢州,宫川早熟温州蜜柑 10 月中下旬采收,天草 11 月中下旬采收。大果套袋后糖度提高不如小果明显,且易出现浮皮现象,而内膛小果正常采收时味酸、果面青中带黄,经套袋后果实糖度提高和酸度下降都很明显,一般不浮皮。

(3) 果实套袋的操作。不套袋果实正常采收,留下的果实尽快喷 1 次杀螨剂和杀菌剂,药液干后将果实套纸袋,纸袋以内黑外褐双层纸袋最佳。也可以在正常采收前的半个月内套袋，但不能喷施杀螨剂和杀菌剂，以保证果品安全间隔期。

（4）果实套袋后的树体管理。首先要做好橘园的排水工作，尽量保持土壤干燥。套袋后若出现树势变弱，应及时喷施 0.3％的尿素加 0.2％的磷酸二氢钾肥液，或浇施稀薄有机肥液，补充树体养分消耗，保证果实糖分积累，促进枝梢花芽分化，减轻大小年影响幅度。但要注意施肥切忌氮素过多，以免影响套袋果实的品质。在严重霜冻、大雪等来临前采摘套袋果。

（5）套袋果实销售。果实连袋一起摘下，轻拿轻放。果实处理有两种方式：一是打开袋检查，去除烂果后再将纸袋合上，果实连袋装箱；二是取掉纸袋，按大小分级装箱，一箱中仅留几个连袋果做样品。套袋完熟柑橘果实适宜做礼品果，在超市销售。套袋果实也可以结合休闲观光果园建设，让市民到果园现场采摘品尝。

16. 柑橘病虫绿色防控技术有哪些具体要求？

答：柑橘病虫绿色防控技术坚持"预防为主，综合防治"的植保方针，贯彻"公共植保，绿色植保"的理念，以农业防治措施为基础，协调应用生物防治、物理防治和化学防治等综合措施，达到有效控制柑橘病虫危害，确保柑橘生产安全、果品质量安全、农业生态环境安全和生产节本增效的目的。

（1）农业防治。一是选择无病毒健壮苗木，合理稀植，对老橘园进行疏树、疏枝，橘园生草，间作套种绿肥，科学疏果，平衡配方施肥，人工捉杀害虫等；二是营造防风林带；三是搞好橘园清洁卫生，将枯枝落叶、病果等清除出园进行销毁；四是在第二次生理落果结束后，将留下的果实套上纸袋。套袋应在晴天，待果实和叶片上无露水时方可进行。套袋前进行疏果，并进行 1 次病虫害防治。套袋时，先把袋口充分撑开，托起袋底，将果实套入袋内，一果一袋，并尽量使袋内壁与果实分离，做到纸袋空间充分撑开，以防止果面与纸袋产生摩擦和烫皮；然后，将袋口扎缚在果梗着生部的上端，注意不能把树叶扎进袋内，扎紧袋口，防止发生病虫危害。

（2）物理防治。一是悬挂黄色粘虫板。利用部分具有迁飞能力的害虫对黄色的趋性，在橘园悬挂黄色粘虫板，粘杀蚜虫、木虱、粉虱、蓟马和广翅蜡蝉等害虫。要求每亩果园挂 20～25 个黄色粘虫板。二是悬挂频振式杀虫灯。利用害虫较强的趋光波特性，以频振式高压电网触杀金龟子、卷叶蛾、星天牛、尺蠖、椿象、吸果夜蛾等害虫。要求每 2 公顷装 1 台频振式杀虫灯。三是配制糖醋液诱杀。利用害虫的趋化性，采用糖醋液诱杀金龟子、地老虎、黏虫、斜纹夜蛾等害虫。糖醋液按糖：醋：酒：水：90％晶体敌百虫＝10：20：5：90：1 的比例配制好后，装入一个盒中，每亩果园挂 5～7 盒，悬挂高度 1.5 米。及时清除诱集的害虫，每周更换新鲜糖醋液。

（3）生物防治。一是通过生草栽培（自然生草或间作绿肥及其他有益植物）来改善果园生态环境，保护瓢虫、草蛉、蚂蚁、花蝽、寄生蜂和粉虱座壳孢菌等天敌，或者人工饲养释放、引进天敌，增加天敌种群数量，充分利用天敌来杀灭控制柑橘病虫害。二是以虫治虫。7 月初的阴天傍晚释放胡瓜钝绥螨，成年结果树每株树挂 1 袋（含 300 头以上活螨，含卵、幼螨和成螨），有利于控制柑橘全爪螨和锈壁虱。选用对天敌草蛉、食蚜蝇、瓢虫、花蝽和寄生蜂等毒性小的农药进行化学防治，以保护天敌，控制蚜虫、介壳虫和粉虱等害虫发生。三是以菌治虫。以挂枝法接种粉虱座壳孢菌 *Aschersonia aleyrodis* Webber 和扁座壳孢菌 *Aschersonia placenta* 防治柑橘粉虱。空气湿度较低，时可对树冠喷水，有利菌类增殖。四是放养鸡或鸭。4～6 月每亩橘园养鸡鸭 50 只左右，能大量捕食橘园里的虫子，有效控制蜗牛和蛞蝓的发生，避免使用杀蜗药剂。

（4）化学防治。近年来，衢州市橘园主要病虫害有黑点病、树脂病，以及锈壁虱、潜叶甲、蓟马、潜叶蛾、象鼻虫及介壳虫等，应加强防治。一是加强检疫性病虫害的监控和主要病虫害监测预警，及时发布病虫情报；二是推广专业化统防统治模式；三是对局部发生危害的病虫进行挑治，实行专项防控；四是选用高效、低毒、低残留的农药，优先选用植物源农药、矿物源农药、生物农药等，选择适宜的防治时期，不随意加大药剂使用浓度，科学用药；五是注意安全间隔期，确保最后一次用药距离柑橘采收 40 天以上。

17. 怎样实施柑橘省力化栽培？

答：实行柑橘省力化栽培是解决柑橘产业劳动力紧缺、生产成本渐增的有效途径，也是降低生产成本、提高市场竞争力和经济效益的必然选择。主要措施如下：

（1）改造橘园基础设施，改善劳动操作条件。按标准果园建设要求，建设道路、水利、电力、运输等设施，实施"公路硬化到园、水电供应到园、沟渠贯通到园、机械普及到园、综合防治到园"的"五到园"工程。改造橘园基础设施，改善劳动条件，为省力化栽培提供基础保障。

（2）改良橘园土壤，提高柑橘生长结果能力和抗逆性。橘园土壤条件差，水肥利用率低，劳动生产率低，良好的橘园土壤是省力化栽培的物质基础。主要通过"扩穴改土、深翻改土"等方式将大量有机质投入橘园土壤中，达到改良土壤理化性状的目的。"扩穴改土、深翻改土"可采用小型挖土机、旋耕机等机械进行，在将土挖起的同时，将秸秆、杂草、堆肥、栏肥、食用菌渣、塘泥、烧过的煤球等翻压入土中，每亩用粗有机质物质及改良剂 20～30 吨。

（3）采用省力化机械，降低劳动强度。山地果园链式索道货运机、钢丝绳牵引货运机、单（双）轨运输机、遥控牵引式单轨果园运输机、气动式果树修剪机具、山地果园恒压喷雾系统、水肥滴灌自动控制器、打孔式动力施肥机等机械省力、轻便，适用性也在逐步增强。

（4）推广省力化技术，减少劳动力投入。

一是实行稀植矮化栽培。株行距为 4 米×4 米或 3 米×4 米，亩栽株数不宜超过 56 株。选育、利用矮化品种和砧木，结合整形修剪将树高控制在 2.5 米以下，以方便操作管理，提高橘园作业的劳动工效，降低劳动强度。

二是选用抗病良种和无病毒容器苗。选择抗病性强的良种；培育引进无病毒容器苗，加强检疫工作，提高成活率，促进幼树生长发育和早结丰产。

三是采用大枝修剪技术。在幼树培育成自然开心形的基础上，成年结果树采用大枝修剪技术。

四是实施"清耕＋生物覆盖"的土壤耕作方式。在树冠覆盖率低于 90% 的橘园，套种大豆、豌豆、蚕豆、箭舌豌豆、黄花苜蓿、紫花苕子，或自然生草、人工种草，将这些作物或草收获后覆盖于树盘上，既节省劳力成本，又保持水土、培肥地力，改善橘园生态环境。

五是平衡配方简化施肥。改进施肥技术和施肥方式，将全年施 4～5 次肥改为施 1～2 次肥，改锄头挖施和地面撒施为动力打孔施肥机打深孔（孔深 30～40 厘米）施肥。打孔施肥机施肥可减少肥料的流失，提高肥料利用率，还节省施肥劳动力及成本，又防止了面源污染。

六是综合防治病虫害，提高防治效果。结合主要病虫害预测预报，实行物理防治、农业防治、生物防治、化学防治相结合的病虫害综合防治措施。

18. 蜜橘高糖优质栽培有哪些技术要点？

答：蜜橘（又称温州蜜柑）因皮薄易剥、甜酸适口、食用方便而受到广大消费者喜爱，其中糖度在12度以上、甜味浓、化渣性好的称高糖优质果，与此相应的技术称为蜜橘高糖优质栽培技术。具体措施如下：

（1）立地土壤气象条件选择及培育。选择南向或东南向光照充足的坡地橘园。土层深度中等（40～60厘米），土壤较干燥，肥力程度中等，物理结构良好，通气性优。高温少雨、晴天多的年份高糖优质栽培效果明显，若雨水多的年份需要覆盖地膜，防止土壤含水量过多。

（2）选择适宜的品种。在冬季无冻害（最低气温在−5℃以上）、积温较高的地区，选用青岛、大津四号等高糖系品种，其他地区选用宫川、兴津、龟井等早熟品种。

（3）深翻改土，增施有机肥。高糖栽培前经过深翻改土，每亩施入秸秆、菌渣、猪牛羊粪等粗有机肥10吨，使土质结构良好。高糖栽培的施肥需控氮增磷多钾，以经过充分发酵的菜籽饼、堆肥、栏肥等有机肥为主体，促发大量的毛细根。

（4）筑墩种植。定植前筑圆锥形或圆柱形土墩，平地橘园要先挖沟作畦，再筑墩。要求墩高45～50厘米，墩直径150～200厘米。在土下60厘米处垫防根下渗的塑料薄板。要求栽植密度合适，山地橘园亩栽55～73株，平地橘园亩栽41～55株。栽植过密，相邻树枝条容易交叉引起树冠郁闭。

（5）整形修剪。合理整形修剪，留3～4个主枝，副主枝与水平线呈15°～20°的夹角，使树冠下大上小，树高维持在2～2.5米，采用大枝修剪的方法疏去或短截扰乱树形的大枝，造就通风透光的树形。

（6）培育保持中庸树势。若树势强可通过环割等措施使其多结果以减缓树势。树冠主枝少，结果枝组的小枝多而分布均匀，叶片多而健壮，冬季落叶迟、落叶少。培育春梢为结果母枝，疏果时多疏去粗梗果、朝天果，而保留下垂果、细梗果。适量结果，每亩年产量以 2 500 千克为宜，大小年结果变化幅度控制在 10％以内。

（7）注意事项。一是不能在土层深、土壤太肥沃的园地进行高糖优质栽培，这与一般的要求是不一样的，请务必注意。二是初结果树、树势过强或过弱的树不宜进行高糖优质栽培。三是防止极端干燥、少肥、过量施肥、过量修剪对品质的影响，尤其不能施用太多的尿素、碳铵等氮肥和猪栏肥等含氮较多的肥料，否则高糖优质栽培技术将达不到应有的效果。

19. 柑橘节能型大棚设施栽培有哪些技术要点？

答：为了使大棚设施栽培的柑橘树和果实能安全越冬，果实留到充分成熟再采收，衢州市农业科学研究院采用"双膜覆盖＋地面垫砻糠"为核心的柑橘节能型大棚设施栽培技术。

（1）大棚设施的建设。外层用连栋钢架大棚，内层用普通钢架大棚或毛竹棚；也可以外层用普通钢架大棚，内层用毛竹棚。在冬季和初春，通过覆盖双层塑料薄膜提高和保持气温。橘园地面垫 12～15 厘米厚的砻糠。园土要求肥沃疏松透气。

（2）温度控制。冬季和初春大棚进行增温保温，遇低温降雪，要检查棚膜是否密闭、棚门是否关紧。白天大棚温度达 30℃以上时，要揭膜降低棚温；外界气温 10～25℃时不揭膜，仅在温度较高的中午通风半小时；最高气温 10℃以下时，不揭膜不开门。遇晴霜天气时早晚温差大，凌晨气温低，而白天光照强，棚内温度升高快，夜晚和凌晨棚门和棚膜要紧闭，白天要根据温度上升情况及时开棚门和揭膜降温，防止温差过大造成冻害和生理性病害。花期遇异常高温，要进行喷雾降温。春末白天气温稳定在 25℃ 以上，大棚膜即可撤除，仅留顶部薄膜避雨。夏秋季晴天气温超过 35℃，要及时覆盖遮阳网和加强通风以降低棚温，防止日灼果发生。

（3）肥水管理。采用滴灌方法灌水。尤其是冬季和初春避免大水浇灌，以防地温剧烈波动影响根系及树体抗寒性。果实膨大期灌水要勤，保证水分供应。果实成熟前 1 个月控制灌水，保持土壤较干旱，促进糖分积累。砻糠全年覆盖，起到冬季增温保温、夏秋季保湿抗旱的作用。大棚内成年树应施足基肥，以有机肥为主，株施腐熟饼肥 1.5～2.5 千克或商品有机肥 10～15 千克。在每次新梢抽发前各施肥 1 次，以氮磷钾复合肥、尿素、磷酸二氢钾等速效肥为主，株施 0.5～0.75 千克。从果实成熟期前 2 个月控制施肥尤其是氮肥，促进果实增糖降酸。若有缺素症状发生，可结合喷药进行微量元素肥的叶面喷施。大棚内温湿度适宜，肥料不易流失，要防止施肥过量导致枝梢旺长。

（4）**整形修剪**。设施栽培整形修剪原则为培养矮化紧凑树冠，通过修剪调控枝梢和结果量，初结果树要防止徒长。设施栽培应适当密植，定植密度 1.5 米×2 米或 2 米×2 米。在橘树长大、树冠开始出现郁闭现象时，及时间伐，最终株行距为 3 米×4 米或 2 米×4 米。在幼树主干高 20～30 厘米处进行短截定干，选留 3 个主枝，通过抹芽摘心，培养 1 干、3 主枝、8～9 个副主枝的开张树冠，即留的芽萌发生长至 6～8 片叶时摘心，不留的芽及时抹除。初结果树，主枝先端进行短截回缩，生长直立的副主枝、大枝过密的要疏除，而位置适当的要进行拉枝，促进开花结果。成年结果树重点在萌芽前进行修剪，枝条要疏密留疏，疏除过密枝，对上年的部分结果枝进行短截回缩。前一生产季是大年的修剪要轻，反之修剪要重。生长期修剪尽量保留斜生或水平生长的有叶结果枝，无叶结果枝太多时要疏除其中一部分。

（5）**花果管理**。在大棚柑橘开花坐果期要注意天气变化，晴朗有大太阳时，注意掀膜通风换气，保持棚温 25℃ 左右，防止棚温过高造成异常落花落果。另外，在开花坐果期晴热天气喷雾，既降低棚温又增加棚内湿度，可显著提高着果率。稳果后要及时疏去畸形果、病虫果和机械伤果，然后根据叶果比疏去过多果实。日南 1 号特早熟温州蜜柑叶果比（15～20）：1，不知火叶果比（70～80）：1，天草叶果比（50～60）：1。日南 1 号采用局部疏果法，即部分枝条结的果实全部疏去，而其余枝条果实全部保留，这样球状结果多品质好，不会出现大小年结果现象。而不知火和天草采用全树疏果法，即疏果在整个树冠内进行，使果实在树冠内分布基本均匀。

（6）病虫害防治。大棚设施中高温高湿的环境，有利于树脂病、灰霉病和炭疽病发生；由于气温适宜，柑橘红蜘蛛、粉虱等害虫越冬基数大，盛发期提前。而物候期提前、抽梢次数增多，有利于蚜虫发生。设施栽培病虫害的防治在药剂选择上与露地栽培的基本相同，不过设施栽培的还可应用大棚密闭药剂熏蒸法进行防治。如橘粉虱在衢州近年来暴发成灾，露地栽培防治较难，主要是该虫为杂食性迁飞性害虫，设施栽培防治粉虱除了采用吡虫啉加绿颖喷雾防治外，用敌敌畏拌木屑烟雾熏蒸方法防治效果好。

20. 柑橘分批采收有什么作用？怎样实施？

答：（1）柑橘果实分批采收的作用。采收是关系到果实质量好坏的关键一环，不仅要轻采、轻放、轻运以提高采摘质量，尽量使果实不受伤，降低储藏运输中的果实腐烂率，提高好果率和商品率，而且要根据市场的要求分批采收。主要作用如下：一是将最好品质的果实在适宜的时期投放供应市场，以提高市场销售价格，实现优质优价；二是均衡上市延长了上市期，缓解市场销售压力；三是缓解采摘期劳动力矛盾，减轻因过于集中雇工造成的劳动力短缺状况；四是发挥衢州椪柑耐储藏的品种优势，福建等地的芦柑主要于春节前后集中销售，而衢州椪柑适合春节至清明节前后市场销售，弥补芦柑销售空当，满足国内外市场的需求。

（2）柑橘果实分批采收的道理。橘园地势、土壤、水分等立地生态条件和栽培技术水平的不同，果实品质不一样、成熟期也有差异。一般在光照充足、温差大的立地、土壤肥沃、灌溉充分的柑橘树，果实降酸早、品质优、着色佳、成熟早。同一棵橘树则是树冠上部、外围的果实成熟早、品质优，而树冠内膛由于光照等原因果实小、降酸慢、着色差、成熟迟。如果不管立地生态条件、树冠部位不同，在同一时间一起采摘，不根据市场细分一起出售，因果实品质不一致使消费者很难产生认同感，卖不了好的价格，也对产地整体形象不利。技术精细化、产品优质化、产业市场化是水果产业转型发展的趋势，也是衢州柑橘业发挥技术优势占领高端市场的法宝。

（3）如何实施椪柑果实的分批采收。椪柑是衢州的主要柑橘产品，根据目标市场要求细分为优质鲜食用果和储藏用果，有不同的采收要求。椪柑优质鲜食用果为精品果，要求果形大、外观光洁、甜酸适中、味浓化渣、口感上佳，主要在元旦至春节前销售，供应礼品橘、商务和福利消费等高端市场。针对这一目标，优质鲜食用果在果实充分成熟的11月底至12月初采收，因为要避免低温、雨雪、霜冻的危害，树冠覆盖薄膜或遮阳网。

椪柑储藏用果，要求果实能储藏到春节至清明节，弥补福建芦柑的出口市场空当，供应大众市场，销售时期在翌年的1月下旬至4月。储藏用果以果实直径在60～70毫米的中果为佳。栽培和采收要求为：为提高储藏性，10月中旬后控水，采摘期适当提前，即在11月上中旬采摘。果实采摘后用"九二〇"浸果保鲜，晾干后放在通风干燥又遮风挡雨的房间内预储藏10～15天充分"发汗"，果实失去水分3％～5％略有弹性后，用干净清洁的箱筐装好（果实堆置不能超过箱筐容积的九成），再放在事先用消毒液消毒后空置 3 天左右的库房内储藏。

(4) 如何实施红美人、早熟温州蜜柑等其他柑橘品种的果实分批采收。红美人和早熟温州蜜柑等柑橘果实采摘后一般不进行储藏，而是尽快销售供应市场，所以果实的成熟度要求达到该品种固有的色泽、固形物含量、风味和香气，才可采收。采收时要求选黄（红）留青，分批采摘。第一批次先采摘树冠外围粗皮果、日灼果、浮皮果、过大果等，这类果实不做商品果出售；第二批次采摘树冠上部外围的正常成熟果；第三批次采树冠中下部和内膛的果实。采摘后进行分级、清洗、干燥、包装后上市销售。

21. 橘园实施生草栽培有什么作用？怎样实施？

答：(1) 橘园生草栽培的作用。柑橘是衢州市生态林，橘园进行生草栽培，作用多多。

一是改善生态。橘园生草有较强的水土保持能力，能避免雨后水土大量流失。据观察记载，生草橘园夏秋高温季节地表至 40 厘米深土温可降低 3～12℃，湿度提高 5％～10％，冬季可提高土温 2～7℃，橘树根系尤其是须根活力高。生草橘园不仅为害虫天敌提供栖息场所，更为天敌补充食源，天敌不会因食源不足导致饥饿，而引起天敌昆虫大量迁移、死亡或造成滞育。

二是改良土壤。生草橘园通过割草覆盖园面，可增加土壤中的营养成分及有机质含量，改善土壤团粒结构，减轻或避免橘树叶片缺素症状。

三是提高果实品质。生草橘园结合畦面覆盖，夏秋季能明显降低土温、减少橘园水分蒸发，冬季能保温，加上橘园土壤结构与肥力状况的改良，橘树根系活力较高，为稳定树势、丰产稳产、提高果实品质奠定了基础。橘园生草符合无公害农产品、绿色食品、有机食品和地理标志农产品（简称"三品一标"）的技术标准，是生产"三品一标"等放心柑橘、优质安全柑橘的重要技术。

（2）橘园实行生草栽培的条件。橘园通风透光条件良好，地面至少要有充足的散射光和漫射光，才能实施生草栽培。幼年树由于树冠覆盖率低，光照没问题，但成年郁闭橘园在进行生草栽培前应进行疏树、疏枝，平地橘园每亩留 40 株左右、山地橘园每亩留 50 株左右，每棵树留大枝 6 个以下，树与树之间不重叠、枝与枝之间有空隙，打开橘树的阳光通道，草才能长起来。

（3）橘园自然生草栽培。在进行了"三疏二改"橘树通风透光良好的橘园进行自然生草，主要生草时期为 3～6 月和 9～11 月，其余时间割草覆盖。第一次割草覆盖时间应掌握好，在衢州，一般在 7 月上中旬梅雨季节结束时及时刈割，并进行地面覆盖。首先覆盖树盘，然后再覆盖其他地面。

自然生草要注意以下三点：一是防止草与橘树争夺养分、水分，树盘内地表不生草，其余畦面生草。二是除冬季外，树盘覆草要离树干 10 厘米以上，以防止树干被天牛等害虫蛀食。三是及时去除杠板归、革命草、菟丝子等恶性杂草。

（4）橘园人工生草栽培。

一是选择草种。选择适应性强、茎秆矮、根系浅、生物产量大、有利于柑橘病虫综合防治的种类，如藿香蓟、马唐草、三叶草、柱花草等，或决明、绿豆、田菁、猪屎豆等绿肥作物。其中，在衢州地区，最适宜的是藿香蓟和百喜草。不能选择高秆及缠绕性作物，如玉米、豇豆等。以下管理以百喜草为例进行说明。

二是播种。百喜草以 4～6 月播种为好，可采用撒播或条播，每亩用种约 1.5 千克。

三是苗期管理。及时去除杂草，并施 0.2%～0.5% 的尿素溶液 2～3 次。当苗长到 5～6 厘米时，可在柑橘的树盘外株行间及梯壁上移栽，移栽行距为 25～35 厘米，一般每穴栽 3～5 株苗，移栽时用钙、镁、磷肥蘸根效果更好。移栽成活后，每隔一个月左右浇 0.5% 的尿素溶液，连浇 3 次。及时清除恶性杂草。

四是百喜草长到 30 厘米时即可进行割青覆盖，也可用作牛、羊、鹅、鱼等牧草。百喜草每年可割青两次，第一次在 7 月，第二次在 10 月。

 22. 如何实施橘园节水抗旱技术？

答：8～10 月是柑橘果实迅速膨大期，而衢州经常处于秋旱期，如缺水会严重影响果实产量和品质。主要的节水抗旱技术如下。

（1）保墒抗旱。一是深翻扩穴。在冬季深翻扩穴，深翻时压入腐熟的栏肥、粪肥、稻草、菌渣、秸秆和杂草等，改善土壤团粒结构，增加土壤蓄水量，减少土壤水分蒸发，提高抗旱能力。二是中耕。在旱季来临之前的雨后进行中耕，清除杂草，以免杂草与橘树争夺水分。橘园中耕深度宜在 10 厘米以上，坡地宜深，平地宜浅。三是园地生物覆盖。对水源条件差的园块，旱季开始前，用杂草、秸秆等植物材料覆盖树盘，覆盖物应与根颈保持 10 厘米以上距离，减少橘园地下水分蒸腾。为防铺草橘园干旱期发生火灾，应在覆盖物上盖一层薄土。覆盖是丘陵山地橘园节水防旱的重要措施。

（2）雨季蓄水。建设水库、蓄水池等在雨季蓄水，可解决喷药用水、灌溉用水。橘园蓄水池有大、中、小 3 种类型，有效容积分别为 20 立方米、10 立方米和 1 立方米左右。大蓄水池 50 亩橘园建 1 个，中蓄水池 25 亩橘园建 1 个，小蓄水池每 1～2 亩橘园建 1 个。蓄水池可采用大、小搭配或中、小搭配方式，建在水沟旁。蓄水池需做防渗处理并建池前沉沙凼。

对丘陵山地和水源较差园地，在旱季要对橘园梯壁内沟和园块内的畦沟两端进行封堵，充分利用阵雨和雷雨时的降雨蓄水，提高橘园土壤持水率。

（3）节水灌溉方法。水源充足的橘园建设引水沟，利用排水沟和背沟进行沟灌。水源不足的橘园可安装简易管网进行浇灌，必要时建设提水设施。小橘园可配置移动式小水泵。大型橘园尽量采用滴灌或微喷灌溉系统。抗旱浇灌要节约用水，不宜漫灌，漫灌会因园地土壤板结渗水缓慢，地表水分流失严重，蒸发量更大，造成水分利用率低。

橘园灌溉可推行沟灌、盘灌、喷灌、滴灌等方法。一是盘灌。沿树冠滴水线外沿以土做埂围成圆盘，疏松盘内土壤，使水流入或浇入圆盘内，慢慢渗透入土。二是喷灌。高温干旱来临前及时启动喷灌设施，可调节橘园小气候，减少高温热害对椪柑树的危害，保证植株正常生长。提倡低头微喷。三是滴灌。有条件的橘园尽量安装滴灌系统，通过管道供水和每株树下的 1 个滴水头缓慢向橘树根区土壤供水。由于该系统设置有过滤和压力补偿装置，可保证每株树灌水量基本一致，也可实现准确的定量供水。

品 种 改 良 篇

23. 有哪些柑橘新品种适合衢州发展?

答：适合衢州露地栽培的柑橘新品种主要有春香、大分特早熟蜜橘、甜橘柚；适合设施栽培的柑橘新品种主要有红美人、鸡尾葡萄柚、沃柑等；适合休闲观光采摘的柑橘新品种主要有红美人、大分特早熟蜜橘、春香、沃柑、满头红橘等。

这些柑橘新品种的特性与栽培要点如下：

(1) 春香。果实扁球形，果顶部有深凹型印圈，成熟果实黄白色，皮色与尤力克柠檬相似，有光泽，果皮较硬，剥皮稍难。单果重220～260克。成熟果实含酸低，甘甜清口，芳香诱人，品质风味优。对疮痂病、炭疽病、溃疡病等抗性强。抗冻性较好，冬季能耐−5℃以上的低温，在衢州露地栽培能实现优质丰产。果实11月中下旬采收，特别耐储藏，在普通农房中可储藏到翌年6月，在低温冷库中可储藏到翌年的10月。宜选择土层深厚、疏松肥沃的土壤种植，或重施粗有机肥、石灰等改良土壤后种植，亩产量控制在2 500千克左右。

(2) 大分特早熟蜜橘。大分果实成熟时呈橙黄色，果形扁圆，单果重125克左右，不易浮皮。在衢州9月中旬成熟，糖度可达10度、酸度1.0%左右，汁多味浓，甜酸适中，是供应中秋、国庆佳节的理想水果。在枳壳和枸头橙等砧木上嫁接亲和性好，树势强，丰产，日灼果、裂果少。较抗溃疡病、疮痂病。初结果树以长放、疏删修剪为主，进行结果盛期时则以疏删修剪和短截回缩修剪为主，成熟前1个月保持土壤较干燥有利于提高果实糖度。

（3）甜橘柚。树姿开张，树势较强。果实扁圆形，单果重300克左右，紧实，果皮橙黄色，果面较粗，剥皮略难。果肉橙色，肉质柔软，糖高酸低，味甜有清香，核少。12月上旬成熟，采收时糖度12度以上，含酸量0.9％以下，属甜味型水果。甜橘柚丰产性好，亩产可达2 500～3 000千克。果实耐储藏运输。抗病力和抗寒性强，适合在衢州丘陵低山红壤和黄壤上种植，露地栽培。虽然耐粗放管理，但种植宜在朝南坡地，每亩施用栏肥、杂草、堆肥、菌渣和修剪下的柑橘枝叶等粗有机肥10～15吨改良土壤，结出的果实风味口感更好。亩施肥量比温州蜜柑高出20％左右。

（4）红美人。单果重200克左右，果皮橙红色，果肉含糖高、含酸低，肉嫩多汁，清香爽口，化渣性好，无核，品质极优。降酸早，成熟期10月下旬至11月上旬，12月上旬完熟。9月以后，由于红美人果皮薄、香气浓，易遭受吸果夜蛾的危害；红美人完全着色以后，果梗部的果皮老化，容易发生轮纹状的细小龟裂，遇上雨水和低温容易引起水腐病、果皮伤害，商品性下降；红美人对黑点病、溃疡病较敏感，黑点病可以在枝梢及叶片上大量发生，极其明显；这些病虫害在露地栽培发生较多，通过设施栽培可有效解决这些难题。红美人为橘橙类杂交品种，具良好的单性结果能力和连续丰产性，栽培管理中可适当多施有机肥，确保树势。

（5）鸡尾葡萄柚。属早熟低酸的葡萄柚类型，丰产性好。果实扁球形，单果重380克，果皮橙黄，果面光滑，果肉橙黄，质地柔软，多汁爽口，甜酸适中，有香气，略带苦味，风味独特，品质上等。果实11月下旬成熟，可溶性固形物12.3％，含酸量0.78％，可食率79.4％。室温下可储藏2个月。较抗疮痂病、树脂病、脚腐病，对高温、干旱等逆境也有较强抗性，在瘠薄的土地上也能生长结果，对低温冻害的抗性略低于本地的柚。适合设施栽培，露地栽培选择避风向阳的山坡地或水库旁建园，营建防风林，注意防冻。

（6）**沃柑**。生长势强，树冠初期呈自然圆头形，结果后逐步开张。枝梢上具短刺。果皮光滑，橙色或橙红色，果顶端平，有不明显的印圈。果皮包着紧，容易剥离。果肉橙红色，汁胞小而短，囊壁薄，果肉细嫩化渣，多汁味甜，品质优异。11 月中下旬开始转色，采收期从 1 月中旬至 5 月上旬，果实挂树时间长。该品种主要以早秋梢为结果母枝，结果枝梢多为有叶花枝，树冠中下部坐果率较高。沃柑要求冬季最低气温不低于 −3℃，所以在衢州市需要大棚设施栽培。

（7）**满头红橘**。树冠呈自然圆头形，枝条疏而长，叶小，花较大，完全花。果实扁圆形，朱红色，单果重 80 克左右，成熟期 11 月下旬。该品种适应性广，抗寒、抗旱、抗病性强，树势强健，丰产性较好，品质优。满头红因为果实色泽大红鲜艳、肉质细嫩化渣、风味甜酸可口、有香气，而且寓意生活红红火火，适合搬迁新居、嫁娶婚庆、生日宴会等用果。除了鲜食外，其鲜果及果枝装饰制作果篮效果优异；由于其树姿婆娑，果实大红、叶片碧绿，可点缀庭院，特别适合作为休闲采摘游品种和"农家乐"的景观树种。

24. 红美人优质高产栽培有哪些技术要点？

答：红美人是品质极优的柑橘新品种，其果实外观漂亮，商品性好，风味口感上佳，肉嫩多汁，清香爽口，化渣性好，无核。但树势易早衰，露地栽培黑点病发生多、吸果夜蛾危害重，果实成熟后遇降雨容易引起水腐病、果皮伤害。

红美人优质高产栽培技术要点如下：

（1）**建园**。避免在低洼地或风口等易受冻的地方建园。建园前撩壕改土，每亩填埋 10～15 吨秸秆、菌渣、杂草、羊粪、猪粪、堆肥、厩肥、塘泥以及疏除的橘枝、橘叶，pH 低于 5.5 的园地在改土时每亩撒施 100 千克生石灰。建设蓄水池、排水沟、灌溉渠、微喷滴灌设施。有条件的主体选择设施栽培，平地建设连栋大棚，坡地建设简易避雨防霜冻的单体棚。

（2）**定植或改接**。选择枳砧生长健壮、根系发达的小苗，株行距 3 米×4 米。改接选择树龄 20 年以下树势强旺的温州蜜柑、常山胡柚等为中间砧，在春季以切接法高接换种，每株高接 15 个头左右，在离地面 1 米左右高的枝上改接。

（3）**施肥**。红美人施肥量比椪柑多 30％左右。幼年树每次抽梢前株施复合肥 0.4～0.5 千克或商品有机肥 4～5 千克。成年结果树年施 3 次肥，主要为春季促梢肥、夏季保果肥、秋季壮果肥，全年株施饼肥 5 千克、复合肥 1.5 千克、钙镁磷肥 1～1.5 千克和商品有机肥 30～40 千克。其中，春肥在萌芽前施，占年施肥量的 40％～50％，以有机肥为主；夏季保果肥在 6 月施，占年施肥量的 15％～20％；秋季壮果肥在 7 月下旬施，占年施肥量的 30％～45％。

（4）**整形修剪**。幼树定主干高 40～50 厘米，留 3～4 个主枝，每个主枝上留 2～3 个副主枝。新梢长 20 厘米时摘心。成年结果树小年时以疏删轻剪为主，夏剪时主要剪去徒长枝、过密枝和落花落果枝，冬剪时重点疏除病虫枝、内膛枯枝和已结果枝；大年时以短截为主，减少花量，促发新梢，防止过量结果导致树势衰弱。

（5）**病虫害防治**。主要防治黑点病、溃疡病、吸果夜蛾、潜叶甲、潜叶蛾、红蜘蛛、蚜虫、粉虱等病虫害。大棚设施栽培可有效防止黑点病和吸果夜蛾危害。露地栽培通过大枝修剪、冬季清园和生长期喷药防治黑点病，果实在 7 月下旬至 8 月上旬开始套纸袋或无纺布袋可有效预防黑点病发生。吸果夜蛾也可通过果实套袋预防或喷施百树得防治，潜叶甲主要在春梢抽发时防治，每次抽发新梢时防治潜叶蛾。

（6）防止树势衰弱，保持适中产量。首先，要选择根系发达、生长健壮、品种纯正的苗木，以容器苗最佳；其次，定植前土壤经过改良，具有肥沃、疏松、透气又保水的特性；三是在定植后或高接后的两年内控制成花，在 10 月喷施"九二〇"，避免开花消耗过多营养；四是进行修剪和疏花疏果，控制结果量，在花量多的年份，早春修剪时以枝条短截为主，以减少花量，使叶果比保持在（50～60）∶1，每亩产量控制在 2 000～2 500 千克。

25. 春香的优质高产栽培有哪些技术要点？

答：春香丰产性好，抗性较强，果实品质优、风味口感好、特别耐储藏，适合在衢州低丘红黄壤上种植。其成熟果实黄白色，皮色与尤力克柠檬相似，有光泽，剥皮稍难，含酸低（在 9 月口感已不酸，果皮尚青时就可食用），果肉无核，甘甜清口，芳香诱人，品质风味佳。尤其适合体弱者食用，是老年人、学生和妇女儿童等理想的保健水果。也适宜做观光休闲采摘柑橘良种。

春香优质高产栽培技术要点如下：

（1）改土建园。促进树势强旺是春香取得优质高产的关键，所以改土提升地力是春香建园的必要条件。采用撩壕改土方式，每亩填埋 15 吨左右秸秆、羊粪、牛粪、猪粪、堆肥、厩肥、塘泥、菌渣、杂草以及废橘枝、橘叶等，pH 低于 5.5 的园地在改土时每亩撒施 100～120 千克生石灰。建设蓄水池、排水沟、灌溉渠、微喷滴灌设施。

（2）大苗种植。选择品种纯正的良种壮苗大苗种植是春香取得高产优质的又一关键措施。购买用营养袋、盆钵等容器培育的壮苗，尤其以无病毒苗木更佳。根系差、长势弱的苗木先假植在菜园土或其他肥沃地上，每亩假植 800～1 200 株为宜，通过集中管理勤施薄肥，促进苗木发生较多的细根须根、枝梢，育成大苗、壮苗后再定植。

（3）高接换种。选择树势强健、树龄在 15 年生以下橘园改接，中间砧以温州蜜柑、胡柚、广橙等为宜，在秋季以腹接法、春季以切接法进行高接，切接法高接时注意不能将原中间砧枝条全部去除，应留 7～9 枝生长中庸、叶片较多的小枝（组）留做辅养枝，既保护树体，又供应新接枝（芽）的营养。

（4）科学施肥。幼年树每次抽梢前株施复合肥 0.3～0.5 千克或商品有机肥 4～5 千克。成年结果树施肥量比椪柑树多 15% 左右，注重施促梢壮梢肥。年施 3 次肥，主要为春季促梢肥、夏季促梢保果肥和秋季壮果肥，全年株施腐熟羊粪加牛粪 50 千克、饼肥 5 千克、复合肥 2 千克、钙镁磷肥 1.5 千克。春肥在萌芽前施，占年施肥量 50%，以有机肥为主；夏季促梢保果肥在 6 月施，占年施肥量 20%；秋季壮果肥在 7 月下旬施，占年施肥量 30%。

（5）疏花疏果。春香结果性能好，应疏花疏果将亩产量控制在 2 500 千克左右，以免树势转弱影响连年丰产稳产。若当年是大年花量过多，可在春季萌芽前进行以短截为主的修剪，减少花量、促发营养枝。疏果分两次进行，第一次疏果在 7 月下旬，主要疏去过小果、过密果、朝天果、畸形果和受伤果等；第二次疏果在 8 月下旬，主要疏去病虫果、风癣果和外观不佳果等。

（6）采收和储藏保鲜。在衢州露地栽培果实 11 月中下旬采收，注意果实采摘质量，"两剪刀法"采摘果实，轻采轻放轻运。果实采下后 24 小时内用 40% 双胍盐可湿性粉剂 1 500 倍加 50% 抑霉唑乳油 1 500～2 000 倍（或 50% 咪鲜胺乳油 1 500 倍）加 85% 2,4-滴钠盐 5 000 倍处理后，经预储发汗 5～7 天后，单果套塑料袋用木筐、竹筐等装 9 成满，放在干净库房储藏。在普通农房中可储藏至翌年 6 月，在低温冷库中可储藏到翌年 10 月，果实不枯水、不变味。

26. 鸡尾葡萄柚优质高产栽培有哪些技术要点？

答：葡萄柚又称西柚，绝大多数葡萄柚味酸又苦，不符合中国人的口味。鸡尾葡萄柚属罕见的低酸型葡萄柚新品种，在衢州种植 11 月上旬及以后采收果实可滴定酸含量都在 1‰ 以下，成熟果实果面光滑，果皮较薄、橙黄色，商品性好，可食率 73.3‰，果肉甜而不酸，肉嫩化渣，清香、微苦，后味佳，风味品质上等，市场试销反响不错，是一个优质特色柑橘新品种。该品种生长势强，丰产性好，抗病性好，抗高温干旱能力强，抗低温冻害能力比常山胡柚弱。

鸡尾葡萄柚优质高产栽培技术要点如下：

（1）建园。应选择避风向阳的坡地或临近大水库的小气候地块建园。建园前撩壕改土，每亩填埋 10 吨秸秆、菌渣、菜叶、杂草、羊粪、牛粪、堆肥、厩肥、塘泥以及疏除的橘枝橘叶，pH 低于 5.5 的园地在改土时每亩撒施 100 千克生石灰。

（2）定植或改接。选择枳砧生长健壮、根系发达的小苗，株行距 4 米×4 米。改接选择树龄 20 年以下树势强旺的温州蜜柑、常山胡柚、南丰蜜橘等为中间砧，在春季以切接法高接换种。

（3）施肥。鸡尾葡萄柚幼年树每次抽梢前株施复合肥 0.5 千克或商品有机肥 5 千克。成年结果树施肥量比椪柑树多 10‰～15‰，年施 3 次肥，主要为春季促梢肥、夏季保果肥和秋季壮果肥，全年株施腐熟羊粪加牛粪 50 千克、饼肥 5 千克、复合肥 1.5～2 千克、钙镁磷肥 1.5 千克和氢氧化镁 0.5 千克。其中，春肥在萌芽前施，占年施肥量的 40‰～50‰，以有机肥为主；夏季保果肥在 6 月施，占年施肥量的 20‰；秋季壮果肥在 7 月下旬施入，占年施肥量的 30‰～40‰。

（4）**整形修剪**。幼树定主干高 50 厘米，留 3～4 个主枝，每个主枝上留 2～3 个副主枝。新梢长 25 厘米时摘心。成年结果树以疏删为主，夏剪时主要剪去徒长枝、过密枝和落花落果枝；冬剪时重点疏除病虫枝、内膛枯枝和已结果枝，保持自然圆头形树冠。鸡尾葡萄柚以春梢为主要结果母枝，注意去除内膛过密枝。

（5）**病虫害防治**。主要防治黑点病、潜叶甲、潜叶蛾、红蜘蛛、蚜虫、粉虱等病虫害。黑点病通过大枝修剪、冬季清园和生长期喷药防治，潜叶甲主要在春梢抽发时防治，每次抽发新梢时防治潜叶蛾。

（6）**果实管理**。一是进行疏果，将亩产量控制在 2.5 吨左右。疏果分两次进行：第一次疏果在 7 月下旬，主要疏去过小果、病虫果、畸形果、受伤果等；第二次疏果在 9 月上旬，主要疏去病虫果、风癣果、外观不佳果等。二是在台风或大风来临前将结果多的枝组在基部用竹竿绑缚，防止结果枝因过重受力而撕裂。三是适时采收。由于含酸量低，鸡尾葡萄柚果实在 11 月上旬虽然转色仅 20%，但风味口感较好，已可采摘上市；但 11 月下旬至 12 月上旬，果实转色更好，风味更佳。留至 12 月上旬采摘的要安排好人工，防止低温霜冻。

（7）**抗寒防冻**。防止抽发晚秋梢，在 9 月后及早抹除萌发的晚秋梢芽。果实采收后若树势偏弱，及时叶面喷施尿素、磷酸二氢钾和微量元素等肥料，以恢复树势。入冬后若天气干旱少雨，在寒潮来临前要充分灌溉提高抗冻性，将树干用石灰水刷白。有大的寒潮来临时将树干用稻草包扎，或在橘园内熏烟防冻，或覆盖遮阳网等防霜。下大雪后及时摇雪下树，推雪出园。

27. 天草优质高产栽培的关键技术是什么？

答：天草属橘橙类杂柑品种，其外观美、品质优、耐储藏，栽培最关键之处是维持中等偏强的树势，才会连年有较高产量。

生产管理上要把握"选好地、种壮苗、施大肥、重修剪、狠疏果"5个关键环节。

(1) 选好地。选择避风向阳的南坡、东南坡或水库、湖泊等两岸小气候条件好的地方种植，避免低洼地、风口建园。要求土层深、疏松肥沃、排水良好、灌溉方便，pH 6～6.5，有机质含量 2%以上。土层浅、黏酸瘦的土壤经撩壕改土，每亩壕沟内填埋栏肥、绿肥、杂草、树枝等粗有机质 15～20 吨，撒施石灰 150～200 千克。

天草单性结实强，单一品种成片种植时无核或少核，与椪柑、雪柑等品种混栽时每果种子数在 10 粒以上，与其他有花粉品种混栽种子数 5～10 粒。应避免与其他柑橘品种混栽，选择良好小气候的园地成片规模发展。

(2) 种壮苗。天草苗长势弱容易大量成花，营养被大量消耗，加剧树势衰弱，形成"小老树"，所以天草生产更需培育大苗、壮苗。通过营养袋育苗生产"一干三枝九分叉"的壮苗。有条件的地方提倡采用无病毒苗木。根系差、长势弱的苗木先假植在菜园土或其他肥沃地上，通过勤施薄肥等集中管理使根系多发、长势转旺后再定植。

(3) 施大肥。天草对肥水条件要求高。肥水管理总体要求是"大肥大水、基肥施足、追肥适时"。定植后的前三年属树冠生长扩大期，年施肥 4～6 次，以氮肥为主，每株年施尿素 0.25～0.3 千克，复合肥 0.5～0.6 千克，腐熟的栏肥或人粪尿 5～10 千克。投产树年施肥 2～4 次，以有机肥为主，重施春肥和壮果肥，有机肥以腐熟的饼肥和蚕粪最好。春肥于 2 月底至 3 月上旬施用，每株施有机肥 5～7.5 千克加尿素 0.5～1 千克加钙镁磷肥 1.5～2 千克。壮果肥于 7 月下旬至 8 月上旬施用，株施复合肥 1～1.5 千克加尿素 0.3 千克（树势强的不加）。5 月下旬施复合肥 0.5 千克加尿素 0.3～0.5 千克以壮梢保果；11 月底果实采收后立即施"还阳肥"，叶面追施 0.3%尿素加 0.25%磷酸二氢钾溶液加硼、钼或锌等微量元素肥料（无缺素症状者不加），这两次肥要因树施用，树势强旺者不施。

（4）**重修剪**。天草长度9～15厘米生长充实的枝梢着果率高，果实品质好，第二年也有较好的树势和着果率，所以要围绕培养生长健壮的营养枝和结果枝来整形修剪。幼龄树着重扩大树冠、培养良好树形，第一年在地上部40～50厘米处定干，按照3个主枝、每主枝2～3个副主枝的原则整形。由于天草枝梢丛生性强，修剪以疏删为主、短截为辅，保证留下的枝梢生长健壮。对部分强旺枝、徒长枝只要位置适当应尽量保留。结果树的修剪时间在春季萌芽前，按照"总量要重、弱树偏重、强旺树轻剪"的原则进行。先剪除交叉枝、衰弱枝、病虫枝，大部分上一年结果枝组进行回缩，位置好的强旺长枝短截1/3～1/2后培养枝组。修剪量弱树要占整个枝叶量的40%～50%，中庸树20%～30%，强旺树占10%左右。

（5）**狠疏果**。天草着果率高，容易结果过多，造成果形小，商品价值低，且导致树势衰弱，因此要"早疏果、狠疏果"。疏果指标有两种衡量方法：一种是按目标产量计算留果数，每亩产量在2 000～2 500千克为宜；另一种是叶果比，树势弱者（70～90）：1，树势强者（60～70）：1。全年共疏果两次，第一次疏果从5月25日开始至7月上旬都可进行，但疏果越早效果越好，留果数按目标产量计算出的数量再加10%。疏去病虫果、畸形果、朝天果和过小果。第二次补疏在7月底8月初进行，疏去日灼果、粗皮果、病虫果及风癣果。

28. 甜橘柚的优质高产栽培有哪些技术要点？

答：甜橘柚在衢州丘陵低山红黄壤上露地种植，树势强旺，早结丰产，抗寒、抗旱、耐瘠、抗病虫，适应性广；果实风味品质优，储藏性好，投放市场反响好。果实的主要特点是含酸低，扁球形，单果重约 237 克，果皮橙黄，果肉橙黄色，柔软多汁，甘甜清口，无酸味，有香气，无核或少核。

甜橘柚优质高产栽培技术要点如下：

（1）立地条件选择。对立地条件要求不高，但海拔 500 米以下、土壤深厚疏松肥沃、朝南的山坡地种植，果实更甜，风味更好。

（2）定植或高接换种。以枳做砧木，高接换种中间砧可选胡柚、温州蜜柑、柚。种植前先用腐熟农家肥、土杂肥、菌渣、砻糠、堆肥等改土，每亩用量 5～6 吨。山坡地宜筑梯田种植，宽度在 3 米以上，种植前在梯地中间挖宽 80 厘米、深 60 厘米的定植壕，先埋入粗有机质和农家肥等，按一层肥一层土的形式，最上面要高出橘园地面 20 厘米，3 个月后土下沉即可种植苗木，株行距 4 米×3 米；也可进行计划密植，先按 3 米×2 米种植，待封行后再隔株间伐。每年 9 月上旬至 10 月中旬、2 月中旬至 3 月下旬种植为宜。

（3）肥水管理。甜橘柚花量大、坐果率高、果实大、产量高，施肥量比早熟温州蜜柑高 20% 左右。幼年树年施肥 4 次，即于 3 月初、5 月初、7 月初、11 月上旬施商品有机肥加速效化肥。前 3 次肥主要为促梢壮梢肥。9～10 月停止施肥以免抽发晚秋梢。11 月上旬施的是越冬肥，促进树体积累营养提高抗寒性。幼年树年株施尿素 0.25～0.5 千克，过磷酸钙 0.2～0.25 千克，硫酸钾 0.1～0.3 千克。盛产期年亩施肥总量为氮磷钾有效成分 130～140 千克，氮∶磷∶钾＝10∶5∶8。年施肥 3～4 次，即春季萌芽肥、夏秋季壮果促梢肥 1～2 次、采果肥 1 次，施肥量分别占年总施肥量的 50%、30% 和 20%。其中，腐熟栏肥、堆肥、厩肥、饼肥、商品有机肥等有机肥占 40% 以上。在梅雨季节注意排水，防止积水。夏秋季遇连续 15 天以上高温干旱天气，要灌溉防旱。

（4）整形修剪。甜橘柚大多树势强健，其修剪要轻，主要疏除交叉枝、徒长枝、内膛荫蔽枝、病虫枝等。若出现树势衰弱的情况，则需要对过弱的枝条与枝组进行短截，结合施肥浇水促发新梢。

（5）花果管理。花量多的年份在萌芽前短截枝梢，以疏除部分花芽，促发营养梢。花量少的年份需要用1克"九二〇"用酒精溶解后，加入20千克的水，在花谢2/3时和果实黄豆大时各喷1次保果。按叶果比40：1进行疏果，多余果实于7月上中旬疏去，先疏去病虫果、风癞果、畸形果、过密果，再疏去多余果。疏果定果后套双层纸袋，这样生产的果实果面更光洁、安全性更佳、商品性更好。

（6）病虫害防治。甜橘柚病虫害主要有疮痂病、红蜘蛛、介壳虫、潜叶蛾等。疮痂病应抓住春梢长5毫米、花谢2/3和幼果期3个重点时期进行防治，春梢期和谢花期以预防为主，幼果期以幼果发病率达20％时进行防治。春梢期喷0.5％～0.8％等量式波尔多液；花谢2/3时喷78％科博600倍液、80％必备500倍液、77％氢氧化铜600倍液、30％王铜600倍液或20％噻菌铜500倍液等；幼果期宜用75％百菌清800倍液、25％溴菌清800倍液、70％甲基托布津800倍液、50％多菌灵600倍液或50％～80％代森锰锌800倍液等。

29. 大分的优质高产栽培有哪些技术要点？

答：大分属特早熟温州蜜柑品种，它克服了一般特早熟温州蜜柑树势弱的缺点，树势强，树姿在幼树期表现直立，结果后变开张。成年树坐果率高，其有叶单花和无叶单花都可以坐果。果实扁圆形，单果重90克左右。果实汁多味甜，酸度低，无核。9月中旬可溶性固形物达10％，酸度降至1％以下。丰产性好，日灼果、裂果少。果实转色期在9月上中旬、10月上旬完全着色，是供应中秋节至国庆节市场的理想水果，也可以用作休闲采摘果园的柑橘品种。

大分优质高产栽培技术要点如下：

(1) 建园与定植。应选择日照充分、排水良好、土层稍浅但土壤肥沃的地域栽培，这样更能发挥该品种的优势。苗木砧木以枳壳为佳，选用无检疫性病虫害、根系发达的壮苗大苗种植。宜采用计划密植，前期栽植密度以 110 株/亩为宜，进入盛果期前隔株间伐或隔行间伐。

(2) 树体管理。1～3 年生幼年树以拉枝为主，夏梢留 20 厘米左右，秋梢不超过 40 厘米，及时摘心，在 9 月上中旬前停梢转绿为宜，防止徒长。初结果树以长放、疏删修剪为主，确保栽后第三年能形成 30 条以上的有效结果母枝，使之形成果实大小均匀的串状果。对 5 叶以上的有叶果，宜及早疏去，或在 9 月上中旬采摘，以防止浮皮果发生。对横径 6.5 厘米以下的果实，可进行完熟栽培至 10 月中下旬采收，但要防止鸟兽危害。正常结果后以叶果比 20∶1 为最适宜。高接树第一年以长放、拉枝为主，除主枝延长枝外，拉枝以 30°左右为宜，第二年修剪注意及时疏去基部发生的徒长枝。结果后，及时进行吊枝和拉枝，使果实充分受光。

(3) 科学施肥。幼树的施肥原则是施肥量要充足，做到基肥足、追肥少量多次、勤施薄施。春、夏、秋每次新梢抽发前追施稀薄腐熟人粪尿或 0.3%～0.5% 的尿素液，在新梢转绿期叶面喷施 0.2% 磷酸二氢钾或稀的鸡粪浸出液。以基肥为主，占全年施肥量的 70% 左右，株施尿素 0.5 千克或复合肥 0.25～0.4 千克加钾肥 0.25 千克，菜籽饼 2～2.5 千克，并要在采果后尽早施用，以利树势恢复，促进花芽和叶芽发育，有利于翌年春梢抽发多而健壮。基肥也可以在早春萌芽前施用。其次是施少量以速效氮肥为主的春肥。一般不施壮果肥，尤其不能施迟效肥，以免果实延迟着色，达不到"特早熟"的目的。

(4) 合理灌溉。春季春梢抽发生长期，应充分灌溉，以保证春梢抽发整齐、生长健壮。6～7 月，是坐果和果实快速膨大期，也不能缺水，否则影响产量和果实品质的形成。8月中旬后尽量保持土壤干燥，有利于果实着色及糖度提高。

（5）适时采收。在衢州9月上旬果实就可以采摘，供应中秋节市场，价格高销售快。大分与一般特早熟温州蜜柑不同的是，它可以一直延续至10月下旬挂树不采摘，果实不会枯水，浮皮也不严重，而口感风味更甜、化渣性更好，所以也是9~10月休闲观光采摘的理想水果。

30. 发展柑橘新品种采用哪些技术措施可实现早投产、早收益？

答：除了高接换种可以促进早投产以外，新种嫁接苗要实现早投产、早收益，需采用脱病毒容器育苗方法培育的无病毒2~3年生大苗，种植后新品种橘树根系发达、树势健壮、抗病力强、投产早品质优。如果用1年生小苗种植，需管理3年才投产，成本高、收益慢。而采用2年生无病毒大苗种植，第二年投产，第三年丰产；采用3年生无病毒大苗种植当年就可投产，第二年丰产，而且树势强旺、丰产期长。

（1）**柑橘育苗要脱病毒**。现在红美人、春香等品种接穗带有碎叶病、萎缩病等多种病毒，如果不进行脱毒，直接培育苗木往往带有病毒。这种苗种植后生长慢、树势衰弱，小树易开花结果，成为"小老树"后树长不大、产量低。而脱病毒育苗需要与疫病区隔离1 000米以上的集中地块，建有温室、网室、混料场、消毒场和育苗场等设施及场地，有专业的技术人员和管理人员。

（2）**要采用容器育苗技术**。容器育苗就是通过配制有利于根系生长的基质，将苗放在装有基质的钵、箱、桶等容器内培育，有利于根系生长和管理，移栽不受限制，一年四季都可种植，并且成活率高。基质一般由砻糠、泥土、河沙等按一定比例混合配制，经发酵堆制而成，有疏松透气等特点，能促进树苗多发新根、细根。育苗钵、箱、桶等容器一般由聚乙烯制成，轻便易搬运。

（3）保证购买的苗木品种纯正，不带检疫性病虫害。购买柑橘良种苗木需要到经省级农业行政部门登记注册、具有资质的育苗单位，如到国家柑橘苗木脱毒中心、农业部柑橘及苗木质量检疫检验测试中心、中国柑橘研究所良种苗木繁育中心、衢州市柑橘良种苗木繁育中心等正规育苗机构，购买苗木接穗。这些单位选用的砧木接穗合适、采用良种高产株系树上的健康枝梢做接穗材料，实行果树苗木生产许可证、果树苗木合格证、果树苗木检疫证"三证"管理。不得从黄龙病、溃疡病、大实蝇等检疫性病虫害疫区调苗。

（4）培育大苗。培育一年生健壮容器苗木后，不要立即移栽定植到橘园，而是在苗圃地再假植培养1～2年，实行逐年放宽行距株距浅栽方法。第一年株行距60厘米×80厘米，第二年株行距80厘米×100厘米，能使假植苗保持原容器苗根系浅而发达的特点。通过集中施肥、灌水、整形修剪，使树冠呈圆头形、饱满，枝梢健壮。这种假植法培育大苗，再移栽定植的好处是整形出圃，管理方便，便于移栽，有利于成活，早结果早丰产。

（5）发挥大苗早结丰产的优势。为提高早期的土地利用率和增加产出，实行宽行窄株式的计划密植，大苗种植1.5米×5米，到树与树之间枝梢交叉封行后进行隔株间伐或隔株移栽，变成3米×5米。隔株移栽可以使新品种栽培面积扩大一倍。大苗宽行窄株栽培既有利于喷药施肥等农事操作，也能进行机械化管理，还可保证早期果实产量，发挥大苗早结丰产的优势。

31. 高接换种有哪些技术要求？

答：柑橘高接换种技术主要是指在柑橘树冠的主干、主枝或分枝上进行较高部位的嫁接以更换新品种的方法。柑橘高接换种是柑橘品种改良的重要途径和措施，能达到一年长枝、二年成冠、三年结果、四年丰产的目标，对柑橘调整品种结构、促进产业转型发展起到重要作用。

（1）适用范围。一是品种退化、品质差、不适应市场需求变化，需要更换的品种；二是品种混杂，不利于统一生产经营管理的橘园；三是更优质高产、更具品质特色、更受市场欢迎的柑橘新品种选育引进试栽成功，需要快速推广的；四是需要更新复壮以提高产量品质的老龄橘园等。

（2）高接前的准备工作。一是要选择与优新品种亲和性好的中间砧橘园，其中温州蜜柑做中间砧与大多数品种亲和性表现好；二是对树势衰弱的橘园或树势不强的老龄橘园需要先恢复树势，即在高接前一年的秋季进行深翻改土并重施有机肥，以促发大量须根和健壮春梢；三是准备无病毒优质接穗，不从疫区引进带病毒的接穗苗木，选择树冠外围中上部生长充实健壮、芽眼饱满、梢面平整、粗细适中、叶片浓绿、光泽新鲜、无病虫害的枝梢为接穗。

（3）高接主要操作。

①高接时间。春季 4 月上旬到 5 月上旬，秋季 9 月到 10 月中旬。

②高接部位及接芽。10 年生以下的树嫁接口离地 0.5～1 米，每株嫁接 10～15 个芽；10 年生以上的树，宜在 0.8～1.5 米高、离分枝着生部位的上方 10～20 厘米处，在枝的外侧或两侧嫁接，每株嫁接 25～30 个芽，嫁接口以呈斜面不积雨水为佳。

③用 70％甲基托布津可湿性粉剂 500 倍液，涂抹嫁接口，防止枯桩霉变。

（4）高接后的管理。

①检查成活率。嫁接 15 天后检查嫁接成活率，如遇死芽或虽成活但萌而不长的接芽，均需补接或剪掉重接。

②摘除保鲜袋。芽萌发后 1 厘米长时，摘除保鲜袋。

③及时解膜。新梢萌发 8～10 片叶时，结合摘心一次性解膜。

④除萌。除去离接芽 15～20 厘米范围内的砧芽。下部的砧芽除徒长枝外，一般保留做辅养枝。

⑤摘心造形。通过摘心，促发分枝，提早形成树冠，当春梢长约 20 厘米左右时，留 5～6 叶摘心，每个春梢可发夏梢 3～4 枝，8 月上旬、中旬将夏梢留 6～8 片叶再次摘心促发秋梢。晚秋梢一律抹去。夏梢萌发和秋梢萌发时各施薄肥，以促发新梢。

⑥树干保护。5 月中下旬，将树干、主枝裸露部分用石灰涂白或用稻草遮盖，以防日灼龟裂。

⑦病虫防治。着重防治炭疽病、溃疡病、蚜虫、潜叶蛾、凤蝶、红蜘蛛等病虫害。

（5）注意事项。

①高接后切勿中耕深翻和施浓肥。高接造成橘树和根系受伤，而新根主要分布在表层，在高接后第一年中耕深翻和施浓肥会造成细根、新根大量死亡，使树体新根太少导致吸收的营养不足，树势难以恢复。

②高接后不宜过早剪除辅养枝。许多农户往往在第一次抹芽时就剪除了辅养枝，此时高接后萌发的新梢不老熟，光合作用过弱，无法提供足够的碳素营养，导致树势恢复慢。

③以树枝或竹竿等扶持新梢防止被大风吹折。

④控制结果。高接后第一年不让树体结果；第二年不能结果过多，株产控制在 10 千克以下，以免树势早衰。

⑤防止缺素症发生。高接树比苗木种植树更易发生缺素症，红黄壤橘园更易缺硼、锰、锌、钙、镁等微量元素或中量元素，注意在新梢生长期追施叶面微肥，有利于树体营养全面平衡，促进高接树高产优质。

32. 如何振兴衢州椪柑?

答：椪柑原产于我国，早在 20 世纪 70 年代就被农业部定为全国十大柑橘良种之一，现为国内五大出口柑橘品种之一。衢州椪柑 20 世纪 80 年代以来得到快速发展，成为衢州柑橘的第一大主栽品种。

(1) 主要优势。一是适应性广，抗性较强，丰产性好。适合在丘陵低山地的红黄壤上种植，抗旱性强，树体生长快，产量高，大小年结果不明显，成年树亩产 2.5 吨左右。二是色香味俱佳，风味品质优。成熟后的椪柑易剥皮，果肉酸甜适中，汁多味浓，肉质脆嫩，具有清香，入口余味好。早在 2005 年衢州椪柑就被评为国家地理标志产品，其显著的特点是"在椪柑栽培的北缘地区，在采收时果实含酸量高，经储藏后熟其品质优良，在春节前后色泽风味品质最好，且在春节后的水果淡季有较强的市场竞争力"。三是栽培技术先进、体系完善，在全国领先。衢州椪柑已建立发布了《柑橘三疏一改技术》和《衢州椪柑生产技术规程》两个省级地方标准，其储藏保鲜技术和采后分级包装商品化处理技术也在全国领先。橘农对椪柑管理，无论是施肥、病虫防治、果实采收还是储藏保鲜技术，都积累了丰富经验。在全国四大椪柑产区中最具竞争优势和发展潜力。

(2) 面临的困境。从品质特点看，刚采收时果实含酸量较高，风味口感偏酸、适口性不佳，需要储藏 1 个月以上，经后熟风味品质才变好，对占领早期市场不利。从生产经营角度看，小规模分散生产经营的总体格局难以改变，管理、技术、投入不到位，精品果比例较低，只占总果数的 15%～20%。从市场角度看，由于一年四季都有新鲜水果上市，衢州椪柑耐储藏的优势在减弱。从柑橘、苹果、葡萄等大宗水果的国内外市场看，竞争越来越激烈，衢州椪柑总体品质不优、品牌不响、产业衰退的现实压力在增大。

(3) 振兴衢州椪柑主要措施。

一是加强橘园流转，补齐小规模分散经营的短板。衢州橘农户均柑橘面积仅2亩，又分散在好几个地方，部分橘园先天条件不足，是"低产、低洼、低效"的"三低"橘园，不符合现代农业要求。通过淘汰"三低"橘园、推进橘园流转，争取让橘农户均承包橘园达到10亩左右，每户能取得5万元以上年收入，是衢州柑橘主栽品种转型发展的社会基础，也是良种良法配套的要求。

二是鼓励橘农发展高糖型、大果型、无核型优质椪柑新品系，补齐长期栽培品种退化的短板。优先选择华中农业大学选育的无核椪柑、衢州市选育出的早熟椪柑、汪村1号以及派溪头7号等良种优系，改造老椪柑园，建设椪柑精品园。

三是建设大棚设施，补齐积温不足的气候短板。改良土壤，建设水利、道路设施。建设遮雨棚、连栋大棚等设施，让椪柑果实延迟采收1个月以上，在12月下旬至翌年1月中旬充分成熟时再采收，提高果实糖度1度以上，使果实从树上一采摘下来就好吃又新鲜。

四是着力推进精品椪柑园建设，发挥技术先进的优势。总结衢州椪柑国家地理标志产品保护示范区的建设经验，发挥衢州拥有《衢州椪柑生产技术规程》《柑橘三疏一改技术》《出口椪柑技术规范》等省市级地方标准和《衢州椪柑无公害生产技术模式图》等先进实用技术的优势，扶持柑橘家庭农场、农民专业合作社、农业企业等新型农业经营主体，通过橘园流转，建设基础设施完备、标准化生产、精细化管理、品牌化销售的精品椪柑园，强化精品椪柑"三品一标"品牌认证，提升衢州椪柑市场竞争力。

五是统一打造衢州椪柑区域公用品牌，发挥产地品牌优势。以市柑橘产业协会为主体，打造衢州椪柑区域公用品牌，建设质量标准、技术规范、管理机构和管理制度，通过严格质量管理，宣传推介和市场营销，提升质量水平和市场美誉度，把按标准生产的优质衢州椪柑以统一品牌提供给消费者，实现柑橘业增效、橘农增收。

销价提升篇

33. 吃胡柚和椪柑对人体有哪些好处?

答：经浙江大学、中国农业科学院柑橘研究所、浙江省中医药大学和浙江省医学科学院等的研究表明，胡柚和椪柑是两种药用和保健价值较高的柑橘类水果，每天食用 2～3 个胡柚或椪柑，对提高身体免疫力和抗氧化能力、预防疾病有较大的作用。

(1) 吃胡柚对人体的好处。胡柚果实成熟后甜酸适中，后味微苦，属中医学上的凉性果品，具有较高的药用、保健和美容价值。常山民谣有"常食胡柚，健康无忧""吃了胡柚一担，省去药费一半"之说。这是由于胡柚果皮果肉中富含黄酮类化合物、类柠檬苦素、膳食纤维、类胡萝卜素、维生素等多种生物活性成分。尤其胡柚小青果干片中类黄酮含量高达 130～170 毫克，以"衢枳壳"的名义列入新版《浙江省中药炮制规范》，成为中药"枳壳"中的正式成员。

胡柚果肉和果皮的苦味成分主要为类柠檬苦素物质，经药理分析，具有抗癌、镇痛、抗炎和抗焦虑镇静作用，还能增强抗氧化性、抗菌活性。橙皮苷等类黄酮成分具有抗氧化、抗过敏、抗炎症、降血压以及抑制癌细胞增长和转移的作用，而黄酮类化合物等生物活性成分在常山胡柚中的含量之多也为其他很多食物难以比拟。经常食用胡柚果实有助于人体镇咳化痰、清热解毒、生津止咳、解酒醒脑、消食舒胃、通便利尿、健肾润肺、护肤美容等。现代医学研究表明，胡柚果汁中含类似胰岛素的物质，对降低或稳定糖尿病人的血糖也有较好辅助功效，是糖尿病人首选水果。

（2）吃椪柑对人体的好处。椪柑果实不仅风味鲜美，营养丰富，而且富含橙皮苷、膳食纤维、维生素C、柠檬酸、柠檬苦素等，经常食用对人体具有较好的保健作用。橙皮苷在椪柑果肉果皮中的含量远高于其他柑橘种类，衢江区有专门收集椪柑幼果提制橙皮苷的加工厂。椪柑果实还含有较高的果胶等膳食纤维，衢州市果胶有限公司就是专门以椪柑和胡柚的成熟果皮或幼果做原料提取果胶。膳食纤维能将体内有害物质和多余的钠排出人体，降低胆固醇的含量，稳定血压，有预防冠心病、高血压、胆结石、糖尿病的作用。近代医学研究表明，果胶能抑制癌细胞转移，控制癌症的恶化，具有降低癌症患者死亡率的神奇功能，美国已推出非常受欢迎的口服果胶胶囊。维生素C除抗氧化和促进铁的吸收外，还有提高人体免疫力的作用，是天然的美容保健成分。柠檬酸能促进食物消化，消除人体疲劳。

（3）胡柚和椪柑的科学吃法。胡柚和椪柑是性价比高的天然保健水果，但要科学食用才能充分发挥其保健价值。

一是怎么吃？不提倡一天吃很多，而应该坚持经常食用，每天食用2～3个胡柚或椪柑为宜；饮用由果皮果肉制作的鲜果汁活性成分更多、保健作用更显著；椪柑性温，含热量较多，多吃易上火，尤其是属于阴虚阳盛体质者最好少吃椪柑，不然会出现口舌生疮、牙痛加重等症状，而应选择食用胡柚；吃椪柑最好将果肉与附着在果肉上的白色橘络一起吃下，因为橘络可以减轻甚至避免由于多食椪柑果肉引起的上火；不要空腹吃，因为果肉中含有较多的有机酸，容易对胃黏膜产生刺激。

二是什么时候吃？吃方便面后吃胡柚或椪柑，可以有效补偿维生素与矿物质的不足；吃烧烤后吃胡柚或椪柑，可有效抵消烧烤类食品中较多的苯并芘等致癌物的副作用；大鱼大肉后吃胡柚或椪柑不仅有助于消化，也有助于营养全面平衡。服用维生素K、磺胺类药物、安体舒通和补钾等药物时，应忌食胡柚或椪柑；吃胡柚或椪柑前后 1 小时内不宜喝牛奶，因牛奶中的蛋白质易与胡柚中丰富的果酸和维生素 C 发生反应，凝固成块，不仅影响消化吸收，还会引起腹胀、腹痛、腹泻等症状。

三是消除不必要的担忧和顾虑。吃胡柚和椪柑过多时，人的皮肤会变黄，这不是对身体产生的伤害，更不是病变，而是由于胡柚和椪柑中富含的类胡萝卜素（天然色素）在体内累积所致，不吃柑橘或少吃柑橘后，皮肤会逐渐恢复原有色泽。

为什么衢州市柑橘转型发展要瞄准中高端市场？

答：衢州市实施柑橘产业转型发展是在正确研判国内外柑橘产销形势和水果产业发展规律的基础上做出的决策，也是衢州传统农产品进行农业供给侧结构性改革的大胆探索与尝试。主要目标任务是去产能、调结构、增效益，其中的关键要素是瞄准市场组织生产。

（1）是柑橘产销总体形势决定的。柑橘是我国南方最主要的水果，改革开放以来生产能力大幅提升，面积和产量迅速增加，1978 年全国柑橘栽培面积、产量分别为 228 万亩和 38 万吨；2000 年全国柑橘面积、产量分别达 1 907 万亩和 878 万吨，分别比 1978 年增加 7.4 倍和 22.1 倍；2014 年全国柑橘面积、产量分别为 3 782 万亩和 3 493 万吨，比 2000 年分别增加近 1 倍和近 3 倍。按 2014 年全国总人口 13.68 亿人计算，人均柑橘拥有量 25.5 千克，总体上呈结构性供过于求的局面，精品果比例低，低端产品和大统货供过于求，"想致富栽橘树"成为过去式，去产能、调结构成为目前迫切需要解决的难题，成为转型发展的重要任务。

（2）是水果产销总体形势决定的。苹果、香蕉、葡萄、梨、桃等大宗水果与柑橘一样，改革开放 30 多年来发展迅速，目前也面临产能过剩的问题，大量的同质化水果产品使市场饱和、竞争加剧、生产效益下降甚至无利可图。所以说，进行供给侧结构性改革是形势所迫、大势所趋。

（3）是衢州市柑橘产业健康可持续发展的需要。柑橘产业转型发展最重要的目标是通过市场销售实现较高的价值，满足消费者需要、适应市场变化成为"不二法则"。改革开放初期和中期，我国经济是短缺经济，市场上水果供不应求，只要有产量就有效益。随着生产快速发展，人民生活水平不断提高，市场形势发生了根本性的变化，从柑橘等水果市场来看，已细分为高端市场、出口市场、大众市场、加工市场和低端市场，消费者需求也表现出优质化、多样化、绿色化、便利化和品牌化等特点。高端市场是为满足高收入群体需求的消费市场，对水果的要求是优质、安全、营养、美观、好吃、有品牌。由于高端市场售价高、效益好、市场满足度不高，所以是柑橘产业转型发展的目标市场。虽然近几年来国外精品水果进入国内抢占高端市场，如澳橘、新奇士脐橙、新西兰猕猴桃、菲律宾香蕉、泰国山竹、智利葡萄、加拿大蓝莓等纷纷登陆超市和大卖场，但本土生产的精品水果因运输距离短更新鲜，只要把质量提升上去，打造出自己特有的品牌，对消费者来说更有吸引力。

（4）是发挥衢州政策优势、资源优势和技术优势的需要。衢州市委、市政府多年来重视柑橘产业转型提升，致力于提升柑橘的品质、品牌和效益，制定出台了一系列产业发展扶持政策；衢州拥有优异的柑橘品种资源、良好的生产生态环境和丰富的生产经验等优势；创新研制了一批具有示范性又接地气的先进实用技术。以推进衢州柑橘市场竞争力和美誉度为目标，将以上优势和软实力转化为质量、品牌和效益，生产批量化、标准化、品牌化的优质柑橘供应中高端市场，实现产业增效、橘农增收。

35. 如何利用互联网销售柑橘？

答：（1）为什么要利用互联网销售柑橘？互联网销售是近几年随着互联网技术快速发展兴起的一种商品销售方式，具有超时域、全天候、全方位、多形式信息交互即时共享等特点，从而对买卖双方来说拥有便利高效性、低成本经济性等优点，是促进柑橘销售的有效方式，也称线上销售，又可以称为"互联网＋柑橘"的销售方式。利用互联网销售柑橘可以拓宽柑橘销售渠道，提高柑橘销售价格，培育一批会生产、懂管理、能触网的新型农民，推进柑橘产业转型发展和优质发展。

（2）利用互联网销售柑橘主要有哪些环节？一是要在互联网上注册店铺，即利用淘宝、京东等电商平台把网上的店铺开起来。二是借助电商网站、微店、微信公众号、朋友圈等平台发布柑橘销售信息，接订单；也可以利用阿里集团村淘、乡村淘、邮掌柜等农村电商服务点代为网上销售柑橘。三是将采摘和储藏好的柑橘果实按用户订单要求进行分级、装箱、贴标。四是联系邮政、顺丰等物流公司，填写快递单证，将柑橘寄出。五是注意客户的收货、付款及对产品质量反馈信息等。

（3）利用互联网销售柑橘存在的问题与困难。一是主体专业技能缺乏。大多数主体文化程度偏低、年龄偏大，在选择包装、果实分等级、填写快递单证、处理客户意见等方面效率低，营销推广能力差，不利于建立和扩大客户群。二是品质控制问题突现，质量意识差，存在以次充好、冒充芦柑品牌为他人做嫁衣裳等行为，生意做不大、做不久。三是物流配套系统不完善，快递运力不足，尤其是临近春节前是柑橘外运高峰，运力严重不足。四是产品介绍、产品摄影、网店美工、信息采集、行情分析、营销推广、促销活动策划等专业电商人才缺乏。五是网店小而散，难以支付网店保证金及技术服务费，同质化竞争严重，品牌化低，更难以形成知名度高、综合实力强的主导品牌，销售量有限，带动农民致富的作用有待增强。

（4）进一步做大互联网销售柑橘的措施。一是成立"互联网＋柑橘"电子商务协会，以协会为纽带抱团形成议价能力，以协会龙头企业或骨干会员引领橘农发展，打造衢州柑橘区域公用品牌，建立柑橘产品质量可追溯体系和质量标准体系，根据产销行情发布指导价，提供质量监控和客户投诉处理服务。二是加强柑橘质量知识和电子商务知识培训，培训内容包括柑橘储藏、保鲜、运输、货架寿命，以及网店注册、柑橘包装、订单填写、产品介绍、处理客户反馈意见等。三是提供政策支持和服务，衢州市农业和农村工作办公室、农业局、商务局等各相关部门形成联动服务机制，形成推动柑橘等农产品电子商务的工作合力；抢抓中央、省扶持农村电子商务发展的机遇，配套安排财政专项扶持资金，重点扶持农产品电子商务平台建设、专业人才培养等工作。

36. 柑橘加工产品对提高衢州市鲜果销价有什么作用？

答：柑橘果实深加工与综合利用是柑橘产业转型发展的方向之一，是提高柑橘综合经济效益、促进农民增收的重要途径。由于柑橘全身都是宝，橘皮、橘络、橘核是正统中药，开发利用历史悠久。橘（肉）片罐头是西方人餐桌上必备食品之一。衢州市两大主栽品种椪柑和胡柚都能深加工和综合利用，产品种类较多。

（1）衢州市椪柑加工产品概况。其中椪柑果肉加工囊胞、原浆，果皮提制果胶、橙皮苷、辛弗林、膳食纤维，橘核可提制柠檬苦素，椪柑囊胞、原浆为果汁饮料的主原料，而果胶、橙皮苷、辛弗林、膳食纤维、柠檬苦素则为医药中间体和保健品，果胶和膳食纤维还是优质食品稳定剂。衢州市年生产椪柑囊胞、原浆 3.5 万吨，产量占全国椪柑囊胞的 90% 以上，年消耗椪柑 5 万吨，实现产值 1.5 亿元；加工囊胞的副产品椪柑皮年产量 5 000 余吨，产值 2 500 万元；橘核 210 吨，实现产值 1 000 多万元。

（2）衢州市胡柚加工产品概况。胡柚果实深加工和综合利用产品主要有胡柚茶、胡柚果脯、黄酮素、胡柚小青果，其中黄酮素对人体能起到抗衰老、抗氧化、预防成人病的作用。胡柚深加工及综合利用实现产值近亿元。

（3）柑橘加工产品对提高衢州市柑橘鲜果销价的作用。

一是柑橘果实深加工与综合利用产品比鲜果销售期更长，对鲜果销售价格起到了托底的作用。深加工所用鲜果都为外观质量较差，即鲜销品相不佳的果实，促进了橘农分级销售果实的理念和质量意识，增加了销售收入，同时提高了分级后鲜销柑橘的销售价格。通过把外观质量较差、等级不符合要求的果实销售给柑橘加工厂，把内外品质较好的果品分级后进入超市、批发市场、出口等销售渠道，保障了鲜销柑橘的质量，提升了鲜销柑橘的市场竞争力和销售价格。

二是避免了环境污染，实现生态效益。对果实外观质量差、果实过小等达不到鲜食市场要求的果实，通过深加工和综合利用，防止橘农把无鲜销价值的外观不佳果乱倒乱丢造成环境污染。

三是一定程度上对柑橘收购价格起到了托底作用。柑橘成熟上市后，各柑橘加工厂经过市场调研定出当年加工果的收购价格，对鲜销柑橘的收购价格具有参考价值和托底作用。

37. 柑橘出口有哪几个方面的要求？衢州柑橘主要出口哪些国家？

答：（1）全球柑橘出口贸易情况。柑橘全球出口贸易量在所有水果中数一数二，全球年柑橘出口贸易总量约 1 500 万吨，出口额 100 亿美元左右。西班牙、美国、南非和土耳其一直是出口柑橘大国。西班牙是全球柑橘出口量最大的国家，近 10 年的年出口量一直在 350 万吨左右，约占全球柑橘出口贸易总额的 20％。中国柑橘出口量近几年来呈稳中有升的态势，逼近美国、土耳其和南非。

（2）柑橘出口的基本要求。柑橘属鲜活食用农产品，根据与进口商签订的合同要求，一般有以下 3 个方面的要求：一是柑橘数量、规格、质量、腐烂率等；二是对安全方面的要求，即通过检验检疫，确保不携带有害生物、农药化学品残留和重金属残留，符合进口国的限量要求；三是送达目的地港口等的时间要求。

（3）柑橘出口的质量安全要求。柑橘出口主要依据柑橘进口国的食品卫生法规和要求，不同进口国要求的柑橘质量安全检测种类和指标水平不尽相同，主要在生产、包装加工和储藏运输环节要求遵守制度、规范操作。为了指导柑橘出口，国家质量监督检验检疫总局出台了《出境水果检验检疫监督管理办法》和《关于进一步加强进出境水果检验检疫工作的通知》等规范性文件，其核心要求是出口水果来自注册登记的柑橘果园和包装厂，经过出入境检验检疫局的检验检疫。

出口柑橘生产基地（果园）的注册登记要求为：连片种植，面积在 100 亩以上；周围无影响水果生产的污染源；有专职或者兼职植保员，负责果园有害生物监测防治等工作；建立完善的质量管理体系，包括组织机构、人员培训、有害生物监测与控制、农用化学品使用管理、良好农业操作规范；近两年未发生重大植物疫情等。

出口柑橘包装厂的注册登记要求为：厂区整洁卫生，有满足水果储存要求的原料场、成品库；水果存放、加工、处理、储藏等功能区相对独立，布局合理，且与生活区采取隔离措施并有适当的距离；具有符合检疫要求的清洗、加工、防虫防病及除害处理设施；加工水果所使用的水源及使用的农用化学品均须符合有关食品卫生要求及输入国家或地区的要求；有完善的卫生质量管理体系，包括对水果供货、加工、包装、储运等环节的管理；对水果溯源信息、防疫监控措施、有害生物及有毒有害物质检测等信息有详细记录；配备专职或者兼职植保员，负责原料水果验收、加工、包装、存放等环节防疫措施的落实、有毒有害物质的控制、弃果处理和成品水果自检等工作；有与其加工能力相适应的提供水果货源的果园，或与供货果园建有固定的供货关系。

（4）衢州柑橘出口情况。衢州柑橘出口始于 1955 年，一直至 20 世纪 90 年代都有出口，但量不大，属零敲碎打型。近年来，通过农业和检验检疫等部门以及出口企业的努力，建设了 6.8 万亩柑橘出口生产基地和一批出口型生产加工企业，建成了国家柑橘出口质量安全示范区。衢州柑橘出口保持了快速增长的势头，椪柑成为出口主打品种，出口国家呈现多元化态势，现主要出口到印度尼西亚、越南、马来西亚、菲律宾、俄罗斯、加拿大等。基本实现了柑橘出口基地化、批量化、标准化和品牌化，衢州市柑橘年出口量 3 万～5 万吨，在东南亚国家和地区初步打响了衢州椪柑品牌。

38. 柑橘果实怎样进行分级包装加工处理？

答：柑橘果实的分级包装加工处理又名商品化处理，是柑橘采摘后进入市场前进行的一道至关重要的工序，是实现种得好还要卖得好的必要措施。果实清洗、干燥后再进行分级包装加工处理。

（1）为什么要进行柑橘果实分级包装加工处理？

一是为了打造品牌，满足中高端市场的需要。柑橘果实由于受生长气候、土壤、树体条件、方位等多种因素影响，不仅外观有差异，品质也不一致。生产者为了树立优质果实形象，打造品牌，要提出外观、果形、内质、风味等不同等级的质量标准，承诺本品牌本包装箱的柑橘果实能达到以上要求，请消费者放心食用。选果分级就是把符合条件的柑橘果实挑选出来，装在一个结实、美观、大气或精致的包装箱内，若能做到一样的果形、一样的大小、一样的糖酸度、一样的风味，则能满足消费者花钱买享受的心理，就能卖出高价。

二是柑橘市场变化带来的要求。以前的果实不分级、粗包装，以"统货"出售，在国内市场上没有竞争力，出售价格低。出口到国外，因国家（地区）不同及市场不同，更是有各种各样的分等分级和包装要求，这是柑橘出口贸易的必要条件之一。所以说，进行柑橘果实的分级包装加工处理，是增强果实竞争力、提高经济效益的重要一环。

（2）如何进行柑橘果实的分等分级？

第一种方法为人工分等分级。用柑橘分级板，按分级板孔径的大小，并结合外观级别的判断，进行分等分级。

第二种方法为机械选果机分等分级。选果机根据其原理有两种类型：一是重量（用弹簧）分级机；二是孔径分级机，该机的塑料辊动箱有不同的孔径，按所需的分级数装上一定数量孔径的辊动箱。果实在机台上由电动传递滚动由小到大进行分选。在选果台上可结合外观综合定级选果。前两种方法以衢州椪柑为例，果实大小按横径分为 4 个规格：S 规格 5.5～6 厘米、M 规格 6～6.5 厘米、L 规格 6.5～7 厘米、2L 规格 7～8 厘米；每种果品规格又依据果形、果面色泽、光洁度、斑疤数及面积、串级果及隔级果的数量限值要求等，分为特级果、一级果和二级果 3 个等级。

第三种方法为智能型选果分级设备。主要原理是在该设备线的传送带上装有红外探测探头，能自动测量通过该位点的每个果实的大小、形状、糖度、酸度，从而将同一大小、外观形状和内在品质的果实分在一起，达到精确分等分级的目的，满足消费者对高品质精品果的要求。

（3）如何进行柑橘果实的包装？

一是内包装。主要的内包装方法为贴标签和包果纸：在单个果实上贴标签是标明质量取胜消费者的手段，文字以品牌名为宜，形状为圆形或椭圆形（直径约 1 厘米），图案应简洁美观，方便适用。标签的黏着剂必须对人体无毒，不伤害果实，耐潮湿。贴标签用手工逐个进行，贴于果实的赤道位置。再将果实用包果纸包装，包果纸要求清洁、柔软、透气、有韧性、不吸水、干燥无味，大小以包没全果不致松散脱出为宜。柑橘果实单个用包果纸包装，有利于运输和销售。

二是外包装。可以用纸箱、竹框、木箱、塑料框等，要求清洁、干燥、无异味，质地坚固，内部平整光滑，外部无尖突物，适当通风透气。柑橘果实外包装一般用纸箱，规格有 10 千克、7.5 千克、5 千克、3.5 千克、2.5 千克等几种，箱体要求牢固、耐压和防湿。纸箱外板用彩印，要求图案清新美观。其外包装也可用竹片和藤条等编成礼品篮，规格有 1.5 千克、2.5 千克和3.75 千克等几种。

生 态 果 园 篇

39. 如何进一步发挥衢州柑橘林的生态功能?

答:衢州是浙江省柑橘生产第一大市,现有柑橘面积 3.42 万公顷,其巨大的生态价值和生态效益应引起重视,采取切实有效措施保护与发挥衢州柑橘林的生态功能。

(1) 衢州柑橘林有哪些主要特征? 一是离城区近,对城区的影响力大。城区的近郊以橘园为主,橘园成为城区的"绿肺",给城区带来源源不断的氧气,成为城区绿色隔音墙、天然吸尘器和环境的保健医生。二是集中连片,形成橘海。三是生态种植水平较高。选择的主栽品种椪柑、胡柚适应性强、生长快、冠幅扩展迅速,早在 20 世纪 60~70 年代就开始"一个穴、一株壮苗、一担有机肥"的标准化生态栽培技术,以及推广生物覆盖、扩穴改土等技术,总体上生态种植技术水平较高。

(2) 衢州柑橘林具有什么样的生态功能? 柑橘树为常绿果树,树形美观,春季花香扑鼻,秋季金果满树,又是阔叶林种,具有净化空气、涵养水源、保持水土、减少噪声、改良土壤、完善乡村生态系统、改善人居环境等生态价值。

一是对改良衢州森林生态系统结构、强化生态功能作用巨大。柑橘为经济林种,属于阔叶林,正好能弥补衢州市森林阔叶林比例偏低、幼林面积较大的缺陷。二是净化空气作用显著。衢州市 3.42 万公顷柑橘林 1 年可吸收二氧化碳 1 248 万吨,吸收二氧化硫 5 万吨，制造氧气 936 万吨，总的滞尘能力达 96.1 万吨。三是保持水土作用不菲。衢州市柑橘林 1 年可减少土壤流失量 834.5 万立方米。四是涵养水源作用明显。衢州市柑橘林 1 年总涵养水源量 3.37 亿立方米。五是具有改良土壤、调节气温和休闲观光等作用。

(3) 如何进一步发挥衢州柑橘林的生态功能？

一是政策引导。重点扶持农民连片规模发展优新品种，建设规模化生态化精品果园和出口柑橘生产基地，对柑橘企业和专业合作社建设无公害农产品、绿色食品、有机食品和地理标志农产品等标准化柑橘生产基地实行更加优惠的以奖代补政策。

二是全面示范推广生态栽培技术。包括开壕挖穴改良橘园土壤技术、秸秆及农业废弃物还园提升地力技术、幼龄橘园间作套种技术、生草栽培技术、生物覆盖技术、配方施肥增施有机肥技术、病虫生物防治减药控害技术以及橘园饲养土鸡模式、猪-沼-果模式。

三是加大柑橘生态价值的宣传和生态栽培技术培训工作。通过各类媒体宣传柑橘树的生态价值、生活价值；利用阳光工程、人才培育工程等，提高橘农的柑橘生态栽培技术水平，普及生态循环农业理念和相关技术。

四是持续实施柑橘产业转型发展工作。培育区域公共品牌，进一步拓展国际市场，培育柑橘园向基地化、规模化、标准化、生态化发展，建设休闲观光柑橘园，发挥柑橘的文化价值、生活价值，满足市民采摘活动、品尝体验的需要，让橘农增收，从而提高橘农应用生态栽培技术、重视生态环境培育的积极性与主动性。

40. 如何将修剪下的柑橘枝叶还园以提升园土地力？

答：实施柑橘产业转型发展的最主要目的是提升柑橘品质。衢州市许多橘园是老橘园，橘园封行树冠出现郁闭后橘农间伐和疏枝不到位，使橘树树体高、主枝多而乱、枝梢交叉严重、枯死枝多、内膛空虚、病虫发生严重、结果部位上移甚至出现顶层平面结果现象，橘树通风透光条件差，影响光合作用，导致产量下降、大小年结果现象严重、果实品质变差，所以要推广疏树疏枝技术。而疏除的大量橘树枝叶，需要科学合理处理利用。

（1）为什么修剪下的柑橘枝叶要还园？橘农以前常把疏除的橘树、枝叶在橘园里随意丢弃或烧毁，前者易成为橘园里的病虫传播源，后者则浪费资源污染环境。其实橘树枝叶含有大量的有机质、碳水化合物、矿物质等营养成分，经处理后还入橘园不仅有利于柑橘优质高产，而且对保持橘园水土、提高土壤中的有机质、改良生态环境效果良好，是一种可持续发展的生态循环农业模式。

（2）修剪下的柑橘枝叶还园对提升园土地力有何作用？据衢州市农业科学研究院试验表明，连续实施橘树枝叶还园3年后，橘园土壤理化性状得到了明显改善，土壤有机质含量从0.98%提高到1.34%，土壤通透性和持水力也得到提高，土壤容重从每立方米1.45克减少到1.26克，土壤含水量从19.7%提高到23.7%，土壤中的速效氮磷钾等营养元素含量也有较明显的提高，橘树树体健壮、须根多活力好，抗低温冻害和高温干旱的能力增强，枝叶还园技术改良橘园土壤的效果好。

（3）修剪下的柑橘枝叶如何还园以提升园土地力？

一是整理切片或粉碎。先将间伐的树或剪下的枝叶进行初处理，将主枝、副主枝或大枝上的小分枝剪下，使其成单条状。后将单条大枝放入枝条粉碎机或枝条切片机进行处理，切成木屑或木片。小枝条用剪刀剪成长5~10厘米的小段，枝条上的叶片不用剪下。

二是堆置发酵。将切好的木屑木片和小枝条放在橘园的空地上堆置，堆好后用水浇湿，外层用塑料膜覆盖，塑料膜上用泥块或石块压住发酵40~50天。

三是铺于树冠下。发酵好的木屑木片和小枝条铺于橘园树冠滴水线附近，能防止杂草生长，保水保墒，木屑木片和小枝条一般在 2 年内完全转化为土壤有机质。注意铺于地面的枝条不能太长和有分叉，否则影响橘园施肥、防病治虫等农事操作。清园时喷施 60～80 倍融杀蚧螨或 60～80 倍蚧螨灵（机油乳剂），注意将铺在地面的枝叶用药液喷湿。也可以将木屑或木片垫猪栏或牛栏，变成栏肥出栏，用生石灰（栏肥：生石灰＝100：5）堆置发酵后再还园，每亩用这种栏肥 1 000～1 500 千克。粉碎均匀的木屑还可以先用作食用菌栽培的基质，然后将菌渣还园，每亩用菌渣 750～1 000 千克，效果更好。栏肥或菌渣可以挖环状沟施于橘园；也可先铺于橘园的滴水线附近，再结合橘园的土壤深翻，将栏肥或菌渣拌入土壤中。

41. 废弃腐烂柑橘如何进行资源化处理？

答：柑橘果实在采收及储藏运输过程中不可避免出现部分损伤及腐烂现象，少部分果实因过小、外观太丑或是拖地果沾染细菌等原因，不能作为商品果销售，只能废弃。衢州市年产柑橘约 60 万吨，按 3% 废弃腐烂率计算，全市每年约产生 1.8 万吨左右废弃腐烂柑橘。

（1）废弃腐烂柑橘为什么要进行资源化处理？废弃腐烂柑橘留在橘园里会增加有害病菌基数，给橘园病害防治管理增加难度。如果随意倒在房前屋后、田间地头、小溪池塘，会产生面源污染，影响"五水共治"工作成效和农村生产生活环境。因为废弃腐烂柑橘会产生大量的青霉、绿霉和褐腐等病菌，以及尸胺、腐胺等有毒有害物质，会对土壤、空气和水环境造成较大的污染。而废弃腐烂柑橘进行无害化处理、资源化处理，不仅避免了对环境的不良影响，而且节约了能源和资源，变废为宝，符合农业绿色安全生产和生态循环农业发展趋势。

（2）废弃腐烂柑橘为什么能进行资源化处理？废弃腐烂柑橘果实含有较高的碳水化合物、有机质、矿物质和蛋白质，经无害化处理还入橘园土壤，能中和酸性，较大地提高土壤肥力，改良土壤结构，为生产优质柑橘打下基础。废弃腐烂柑橘果实与畜禽排泄物一起配合还是沼气池的优质原料，是生态化农村能源的发展方向。

（3）废弃腐烂柑橘如何进行资源化处理？

一是还入橘园以改良土壤，提升地力。主要是利用土壤中自然存在的有益微生物，将腐烂柑橘中的有毒有害物质转化成有机质和矿物质，中和土壤中的酸性。具体做法：在树行的正中间挖深40～60厘米、宽20～40厘米的长方体坑，将废弃腐烂柑橘果实埋入坑中，每埋入10～20厘米厚烂果，覆盖一层10厘米厚的泥土，最后一层泥土高出地面20～30厘米。也可在填埋腐烂柑橘果实的同时撒施石灰，每100千克腐烂柑橘果实加入石灰2千克，促进腐烂柑橘果实的分解。4～6个月后，腐烂柑橘果实全部转化为有机肥。

好处：衢州市橘园大部分土壤为红黄壤，未经改良的红黄壤典型特征为"黏、酸、瘦、板结"，有机质含量低，营养物质缺乏。经衢州市农业科学研究院试验，每亩埋入废弃腐烂柑橘果实3～5吨转化后，土壤 pH 由原来的 4.63～5.05 提高至 5.46～6.35，加入石灰后，pH 提高至 6.70～7.45。有机质提高2倍以上，速效氮、速效磷、速效钾含量都大幅增加，土壤结构得到改良，土壤肥力明显提高。

注意事项：填埋时不能过于靠近橘树的根系，以免伤根；如果填埋的废弃腐烂柑橘果实套了塑料袋，应先将塑料袋脱出后，才能埋入橘园。

二是做沼气池原料。废弃腐烂柑橘与猪栏肥等一起加入沼气池中，可以增加沼气的产量。操作方法如下：在15立方米的沼气池中投入猪栏肥1 000千克，再加入约2%的生石灰，可将 pH

调节至 7 左右，再投入废弃腐烂柑橘果实 1 000 千克，生产的沼气农户正常使用时间为 25 天。不同容量沼气池的废弃腐烂柑橘等原料用量可参照以上比例。沼渣沼液可做果园菜园水田的有机肥。

42. 橘园如何实施间作套种？

答：间作套种是指在同一块园地上按照不同比例种植不同种类农作物的种植方式。橘园的间作套种是指利用株行间空地种植其他作物以提高土地利用率，增加作物产量和经济收入的生产模式。橘园科学合理的间作套种符合生态农业、立体农业、高效农业发展方向，有利于农民增收。

（1）橘园为什么要实施间作套种？橘园间作套种好处多多。一是幼龄橘园在前 3 年柑橘没有产量，间作套种其他作物可以增加早期经济收入，达到以短养长的目的；二是间作套种充分利用了空间、光能和时间资源，提高了土地利用率，增加了单位面积农产品产出率，综合效益较高；三是加快了园地土壤熟化进程，通过秸秆还园等提高土壤肥力，为生产精品柑橘打下了基础；四是间作套种提高了园土的生物覆盖率，抑制杂草生长和病虫害的发生，有效调节橘园气温和土温，改善了橘园生态环境，美化了农村。

（2）橘园实施间作套种要遵照哪些原则？一是应选择植株矮小、无攀缘性、生育期短、管理容易的作物，不宜间作套种高秆类、高藤蔓类、容易暴发危害柑橘生长结果的病虫害的作物；二是幼龄橘园宜套种喜阳或半喜阳作物，成年橘园套种喜阴作物；三是在树盘内或种植带内不宜间作套种，成年树间作套种不能影响柑橘树的生长发育；四是间作套种作物要合理轮作换茬，以有效减少病虫害发生，促进作物优质丰产；五是间作套种要合理布局，以充分利用空间，一年四季都有作物产出。六是间作套种西瓜、甘薯等喜肥作物，加大有机肥的施用，以保证土壤肥力；七是作物秸秆还入园土中，绿肥全部还园以养园肥土。

（3）橘园如何实施间作套种？一是选择适合本地土壤气候，适宜间作套种的作物种类品种，主要包括蚕豆、豌豆、绿豆、黄豆等豆类，荞麦、油菜、花生、甘薯、马铃薯等作物，大蒜、洋葱、胡萝卜、矮生型豇豆、葱、甘蓝等蔬菜，三叶草、黑麦草、箭舌豌豆、肥田萝卜、印度豇豆、藿香蓟等绿肥作物，地黄、旱半夏、天南星、黄连、元胡、沙参、牛蒡、决明、独活、苍术等中草药。二是立足市场需求，结合橘园条件，选择不同的间作套种方向。在交通方便、水源充足的城市近郊，以间作蔬菜和瓜类为主，在条件相似的远郊及丘陵低山地，以间作套种瓜类为主；在交通不便、水源不足的橘园，以间作花生、黄豆、甘薯、荞麦等为主；土壤熟化差、肥力低的橘园，以豆科绿肥为主；在丘陵山地橘园以中草药材植物为主。三是合理安排间作套种模式，如冬春季白萝卜-夏秋季甘薯、冬春季榨菜-夏秋季甘薯、冬春季油菜-夏秋季花生；春夏季西瓜、茄子、花生、黄豆、矮桩四季豆，秋冬季蚕豆、豌豆、榨菜、甘蓝、大蒜、洋葱、胡萝卜、白萝卜等。四是根据间作套种作物种类品种特性，加强病虫害防治和土肥水管理，既使作物高产优质，又提升柑橘园土壤肥力。

产业融合篇

43. 怎样建设休闲观光柑橘园？

答：休闲观光柑橘园是指以柑橘的观赏特征及生产经营为基础，以必要的园林景观、休闲设施或餐饮住宿为配套，以农村文化及农家生活为背景，集果品生产、休闲旅游、观光体验、科普示范、娱乐健身于一体，自然风光、人文景观、乡土风情和果业生产相融合的场所。随着城市化的发展和人民生活水平的提高，市民不仅需要享用新鲜优质安全的水果，而且产生采摘果实、体验劳动、亲近自然、娱乐健身的需求，观光柑橘园应运而生。主要建设措施如下：

（1）科学设计，绿色生态。一是选址于生态良好、环境优美、交通方便的丘陵低山缓坡园地，靠近水库、溪流更佳；二是以柑橘为核心设计休闲景观，注重柑橘与其他果树品种合理搭配，利用不同品种开花期、成熟期的差异，做到"月月有鲜花、四季果不断"；三是改传统的直线型种植方式为梅花型、抛物线型种植方式，培育高度不同、形状各异的树形树貌，营造多姿多彩的园林景观；四是按起伏地形建设曲线道路，达到"山重水复、曲径通幽"效果；配套设施的园林化，建设葡萄、猕猴桃等水果长廊。

（2）选择品种，突出品质。休闲观光柑橘园成功的关键是要有合适的好品种。果实从树上采摘下来风味品质就优，好吃又好看的品种更受欢迎。适合衢州市采摘休闲的柑橘品种主要有大分、由良、红美人、沃柑、春香和满头红等。

（3）应用栽培新技术，营造亮点特色。应用"三疏一改"、配方施肥增施有机肥、地面铺反光地膜增糖、节水灌溉、病虫害绿色防控、果实单果套纸袋、分批完熟采摘等技术，使刚采摘的果实风味汁多味甜、肉嫩化渣、果香浓郁。营造以下特色：一是果品种类品种多、果实品质优、采摘时期长，满足游客体验采摘品尝高品质新鲜水果的需求；二是自然环境优美、应用技术先进、体现区域果业特色成就，满足游客呼吸新鲜空气、采摘新鲜水果、参与果品加工、体验农事活动的需求；三是大中型综合性休闲观光柑橘园，能满足不同年龄、不同层次游客的多种需求，从观赏美丽景色、采摘品尝果实、参与农事活动、体验农民生活，到享用特色餐饮、购买土特产品、住宿娱乐休闲、体育运动健身、轻松开阔眼界等。

（4）应用生产技术和园林艺术，制造景点和观光项目。应用整形修剪技术将柑橘树培育成立柱式、圆柱式、圆锥式或盆景式形状；应用嫁接技术在同一树上嫁接不同形状、不同颜色、不同成熟期的品种，使花果同树并存、"群星闪烁"；利用农事节气，开展嫁接、整枝修剪、疏花疏果、施肥除草、果实采摘等体验活动；展示间作套种等立体农业技术；展示以修剪下的枝干栽培食用菌和以修剪下的枝叶制作有机肥技术工艺；在橘园内设立土鸡散养区和橘园旁设立垂钓区；设立游客制作果汁、果醋等柑橘加工品体验区；在橘园区域设立游客休息场所，让游客在睡梦中闻花果香听虫鸟鸣唱。

（5）创新经营模式，加大投入。拓宽资金投入渠道，吸引工商资本投资休闲观光柑橘园建设，引进高等科研院所或业内知名主体来衢开发，改变目前观光果园基础弱、投入小、设施差的现状；创新休闲观光果园建设模式，在市场化导向、科技化改造、企业化经营、人性化服务上下功夫；鼓励成立休闲观光柑橘园专业合作社，促进连片规模开发及品种资源和生产经营优势互补；建立"公司＋农户＋果园＋旅行社（宾馆饭店）"的联合经营模式，优势互补，利益共享，提高产业化经营水平，打造区域特色品牌。

44. 怎样提高柑橘大树移栽成活率？

答：胡柚、满头红等柑橘大树适合做庭院、公园、行道的绿化树和景观树，有时建设休闲观光果园也需要移栽柑橘大树，但移栽费工费力，若技术不到位成活率低。提高柑橘大树移栽成活率主要措施如下：

（1）移栽时期。在春季和秋季均适宜移栽，其中以春季的 2 月中旬至 3 月下旬和秋季的 9 月为移栽最适期。

（2）移栽前处理。

一是选择大树。以生长健壮、根茎部没有被天牛危害过的 20 年以下树龄柑橘树为宜。

二是断根。于移栽前一年的 5～6 月底进行。断根前的晴天将移栽大树下部的大枝锯去，便于断根操作。树冠中上部的大枝去强留弱、去大留小。在锯口处涂 20％～30％的高锰酸钾液防止病菌感染。修剪后在距树干外侧 50～60 厘米处开挖环状沟，沟宽 30～40 厘米、深 60 厘米，遇大根将其切断，切口用嫁接刀削平，并涂上 20％～30％的高锰酸钾液。环状沟晾晒 1～2 天，再用塑料膜沿环状沟外壁铺设一周，阻止根系外展，然后将土回填，回填一半土后，掺入 1/30 的钙镁磷肥，浇透水。遇干旱天气环状沟上覆盖秸秆、杂草等，保持土壤湿润。

三是挖定植穴。移栽 3 个月前挖直径 100 厘米、深 60 厘米的定植穴。在穴内先填入 20 厘米厚的秸秆、杂草等，再将起挖的土与腐熟栏肥或商品有机肥拌匀后填入，直至堆土高出地面 10～15 厘米。

四是修剪。挖树前先将枝叶疏剪和回缩，剪除的枝叶量占总枝叶量的 1/3～3/5。修剪时先疏去病虫枝、枯死枝、下垂枝，再按照"疏密留稀、疏强留弱、疏直留斜"的方法进行。主枝留 3～4 个，副主枝留 9～11 个。

（3）移栽。按照"保护树体、减少损伤、尽快运输、尽早定植"的总体要求移栽。

一是挖树。挖树前 2 天浇透水。挖树时先将主枝用草绳进行包扎。除去树盘内杂草及表土层。带土球起挖，土球直径为树干直径的 7 倍左右。遇到粗大根用锯子锯断，不要用铁锹或斧头砍断，断面应平整。土球挖起后，将损伤的根剪平，细根须根尽量保留，用草绳进行捆扎。

二是起吊运输。运输前在车厢内垫上草袋、麻袋、苔藓、旧报纸团等柔软物，防止车厢板损伤枝干及根系。采用专业帆布带以两点法（一点为土球，一点为主枝分叉处）起吊，受力处加厚保护层以免使根枝受伤。将土球靠近车头、树冠朝后。土球之间用沙包或草垫等挤紧，以免运输途中土球滚动而使土散落。树体装车高度不超过 4.5 米。若长距离运输，在车厢上覆盖遮阳网，并在运输途中注意喷水保湿。

三是定植。先将运输过程中受伤的根系剪平，并根据根系量对枝叶进行再修剪，使根叶量对应。将移栽树放入定植穴扶正，高度以嫁接口露出地面 15 厘米为宜，根系疏直，分层填入加入钙镁磷肥的细土（细土∶钙镁磷肥＝30∶1），一层须根一层细土。填土时注意土球下不能出现空隙，以免影响成活率。土填到 50% 时灌水，发现冒气泡或快速流水处要及时填土，直到不冒气泡、土不再下沉为止，使土球、须根和穴壁之间无空隙。最上层沿树兜做土堰，使土堰高出地面 10～15 厘米，便于浇水施肥。

四是搭支架。用木棍搭三角形支架，用绳索捆牢，防止树体受风吹等外力影响摇动，使根系受到新的损伤甚至树体倒覆。

五是保护伤口。根、枝断裂处尽量剪（锯）平。有大的伤口涂抹 20%～30% 的高锰酸钾液，防止因病菌感染而腐烂。

（4）移栽后管理。

一是肥水管理。定植后连续天晴且有大风，上午露水干后及傍晚前各喷清水 1 次。土壤干旱，及时灌透水。移栽成活后及时施肥，做到少量多次，土施和叶面追肥相结合，土施以有机肥和复合肥为主。叶面追肥选用 0.3% 尿素加 0.2% 磷酸二氢钾溶液。

二是土壤管理。水田或平地移栽的大树，暴雨、大雨后及时开沟排水，防止积水烂根。伏旱来临前，树盘覆盖秸秆、杂草、菌渣等，降温防旱。

三是树冠管理。移栽树因为断根多，萌芽抽梢时间不一，但花芽多，抽发的夏秋梢也有较多的花蕾，应及时摘除，以免消耗大量营养，影响新梢抽发。主侧枝上隐芽大量萌发，抽发的新梢密而多，还有不少丛生枝，应及时抹芽控梢。注意枝梢间的空隔，保留的枝梢 8～10 厘米长时摘心，促进二次梢抽发，形成通风透光、结构合理的树冠。

四是防治病虫。注意保护好新芽、嫩叶，重点抓好潜叶蛾、蚜虫、凤蝶、红蜘蛛和树脂病的防治。主干、主枝用石灰水涂白或用稻草包扎，避免阳光暴晒引起树脂病发生，维持树势。如果已出现树脂病症状，用刀将病斑刮除，再用多菌灵 100 倍液涂抹保护。

45. 柑橘盆栽有哪些技术要点？

答：柑橘具有很高的观赏价值，柑橘盆栽用于观赏已有上千年历史。它树姿优美，绿叶终年不凋、四季常青，花朵洁白，果实金黄，叶、花、果均有浓郁的香气，而且"柑"与"甘"、"橘"与"吉"谐音，历来深受我国人民喜爱。

（1）选择适于盆栽的种类品种。金橘、四季橘、年橘、满头红橘、椪柑、温州蜜柑、枳、胡柚、佛手、柠檬、代代、柳橙、血橙、冰糖橙、大红甜橙、天草橘橙等。

（2）柑橘盆栽技术要点。

一是盆土配制。盆土应疏松、透气、肥沃，有较好的保水保肥性能，可用菜园土 4 份、腐叶泥 2 份、红壤土 1 份及煤渣、细沙和饼肥（或腐熟厩肥）各 1 份配制。

二是上盆。上盆时应剪去其垂直根的 1/3～2/3，多留须根，地上部分应剪成近似半圆形的骨架，这样以后才有可能培养成丰满漂亮的外形。盆以瓦盆或陶盆为宜。上盆时施足发酵好的鸡粪、厩肥或沼渣等基肥。上盆后宜先置于泥土地面上，等生长正常再搬上阳台、屋顶等。

三是土肥水管理。盆土表面盖一层腐叶或碎草，可防止盆土板结，增加土壤有机质含量，疏松透气，在高温干旱期能显著降低水分蒸发，减少浇水次数。一般每 2 年换盆换土 1 次，以利根系生长。盆土要经常保持湿润，尤其结果后，盆土一干，会引起大量落果。浇水应掌握不干不浇、浇则浇透的原则。宜早晨或傍晚浇水，夏秋干旱季节每天浇水 1 次，还可进行叶面喷水。梅雨季节应注意排水，防止根系腐烂，叶片黄化；盆面积水时，可将盆侧倒排水。上盆换盆时施足基肥。生长期结合浇水追施速效肥料，以勤施薄施、少量多次为宜。春梢萌芽前施 1 次以氮为主的催梢肥。5～6 月为坐果期，应追施氮、磷、钾复合肥和锌、硼等微量元素肥料，不偏施氮肥。7～9 月是果实迅速膨大期，追施的肥料可浓些，除了氮、钾肥外，每盆施石灰 100～250 克。10 月底以后应停止施肥，以免抽发晚秋梢。

四是保花保果。早春对盆橘进行 1 次轻剪，尽量保留老叶，适当短截部分衰弱枝组，疏删病虫枝、过密枝和扰乱树形的徒长枝。对新梢抽生过多的树，可抹去树冠上部和外围的春梢，留下的春梢在 6～8 厘米时摘心，夏梢全部抹除，以缓和新梢和幼果的营养竞争，促进坐果。蕾期和生理落果期可叶面喷施 2～3 次 0.2%尿素加 0.1%磷酸二氢钾加 0.1%硼砂（或硫酸锌）混合液。

5 月中旬和 6 月上中旬各喷 1 次 50×10^{-6} 毫克/升的"九二〇"液,或在 5 月中旬喷施细胞分裂素 800 倍液,再在 6 月上中旬喷施 1 次 50×10^{-6} 毫克/升的"九二〇"液,都有显著的保果作用。

五是促进花芽形成。可在 3 年生盆橘上开始应用以下促花措施:上盆时每盆土拌 1~2 克多效唑或在 8 月秋梢生长期连喷 2 次 1×10^{-3} 毫克/升多效唑,中间间隔 1 周,不仅可促花,还使新梢粗壮,叶色浓绿。9 月秋梢转绿后控水,直至叶片卷曲,略有凋落,约 20 天后恢复灌水并施农家肥或复合肥,便可形成花芽,这一措施仅适用于树势较旺的盆景。另外,在控水过程中,若叶片凋落过多,可往叶面喷清水,喷至叶面略有湿润为度,但不要浇水,以免失效。9~10 月,在主枝或副主枝近基部处环割 2~3 圈,也有促花效果。

六是病虫防治。柑橘为多年生常绿植物,病虫害较多,主要有溃疡病、炭疽病、疮痂病、介壳虫、红蜘蛛、黑刺粉虱和蚜虫等。化学防治与大田施药基本相同。但盆栽柑橘应提倡生物防治法,如用 0.3%~0.1% 的苦楝油乳剂,烟草秆浸出液和大蒜头、洋葱熬制液,能有效地防治红蜘蛛、介壳虫和蚜虫。另外,保护和引进瓢虫、草蛉、寄生蜂和食蚜蝇等柑橘害虫天敌,能有效地控制害虫的数量,防止害虫暴发。

46. 柑橘一树两(多)果有哪些技术要点?

答:柑橘一树两(多)果技术是指在一棵柑橘树上再嫁接 1 个甚至多个品种,果实成熟期不同、形状多样、色泽各异,增加观赏性,现已成为庭院绿化、休闲观光柑橘园建设的实用技术。

(1)高接宜选用的品种组合。柑橘一树两(多)果技术适用于树龄在 30 年以下、生长较健壮园、中间砧与高接品种亲和性好的橘园。原来品种（即中间砧品种）为温州蜜柑的高接品种范围较广，可高接温州蜜柑、大红甜橙、塔罗科血橙、椪柑、胡柚、红橘、佛手、柠檬和春香、红美人等杂柑。原来品种为胡柚的，可以高接椪柑、甜橘柚、红美人、天草、蜜柚等品种，而雪柑、锦橙、大红甜橙等宜高接纽荷尔脐橙、塔罗科血橙、脐血橙、凯旋柑、甜夏橙等，红橘等宜高接温州蜜柑、大红甜橙、佛手、柠檬、塔罗科血橙、椪柑、胡柚等。

（2）中间砧树体的管理方法。高接换种的原品种橘树若出现树势过弱、大枝多而零乱、树体郁闭、内膛空虚等情况，需先对树体按照"开窗、分层、疏密"的原则进行改造后再进行高接换种。具体方法为：

一是树势过弱：疏去短小枝，短截相对强壮枝，尽量保留叶片，以促发强旺新梢。加强肥水管理，通过重施有机肥改土、重施新梢肥促进新梢早发快长、根外追肥等措施，恢复树势，培养健壮枝组和树冠。

二是大枝多而零乱：以疏删为主，疏除扰乱树冠的直立强旺大枝、位置不当的密生大枝，培养大枝少、枝组多、分布合理的优质树形。

三是树体郁闭导致内膛空虚：修剪原则是控上促下，疏除树冠中上部过密的大枝，下部的大枝进行短截以促发枝组，使阳光能照进树冠内膛，逐步培养下大上小的圆锥体树冠。

（3）高接换种和树体管理技术。

一是不同品种的搭配比例。原则上体现多色彩、非均衡、有亮点。根据果实成熟期不同、色泽形状各异，按照2个品种2∶8、3∶7或4∶6的比例，一般不选5∶5的比例。可以在嫁接时根据果实的颜色设计其成熟期的色泽图案。

二是采用内膛腹接方法。时间以3～4月或9月最佳，嫁接部位应选内膛2～3级枝。高接位置选择在离地面40～70厘米处为宜。嫁接成活后适时挑膜、解膜。

三是高接树的管理。中间砧树留枝第一年多，留枝量占原总枝量的 40%～70%，主要目的是结果和辅养新品种枝梢萌发生长发育壮实，力争高接当年原中间砧品种产量能保持上一年产量的 50%～80%。中间砧树留枝去掉强旺枝，多留生长发育充实的枝组叶片。接芽成活后，及时抹除中间砧接芽附近及以上的萌芽，5～7 天进行 1 次。及时摘心，促进新品种抽发梢发育充实并萌发分枝，早日形成树冠。春梢摘心高度一般在 20～40 厘米，夏梢则在第一次梢上选留 3～5 个分枝，在分枝处摘心。对易风折的枝梢，应在基部缚竹竿等以保护新梢。

47. 怎么生产药用胡柚小青果？

答：胡柚小青果是指生理落果期和膨大前期及中期的未成熟果实，因富含内黄酮、柠檬苦素和果胶等物质，是做中药"枳壳"和加工厂提制果胶以及药厂提制黄酮素、柠檬苦素等的原料。衢州市胡柚小青果年产值近亿元，成为橘农家门口就能增收的好项目。

主要生产技术如下：

（1）均匀疏果法。在生理落果结束后疏去病虫果、机械伤果、畸形果、粗皮果等，疏下的果实即为小青果。疏除的果实量占果实总量的 15%～20%。分两个时期进行疏果：为了使疏果既达到生产小青果的目的，又使留下的果实培育优秀的鲜食品质，着重做好第一次疏果，在 7 月上旬疏去病虫果、机械伤果、畸形果和后期花所结的小果。第二次疏果在 8 月底前进行，主要起到补充疏果的作用，除按留果标准继续疏去病虫果、机械伤果、畸形果外，还要疏除小果、大果和粗皮果，使留树果实大小一致、果形端正、外观清洁漂亮。实施均匀疏果法生产的成熟鲜果第二年增产 30% 以上，且优质果率提高 20% 以上。

均匀疏果法应注意以下事项：第一次疏果宜早不宜迟，即在生理落果结束后尽早疏果，促进留下果实迅速膨大。疏除的果实量一般占果实总量的 15%～20%，但要根据树势调整疏果量。大年树应多疏，小年树宜少疏；壮年树、强势树、肥培条件好的柚园疏果宜轻，要多留果；反之，老年树、弱势树、肥培条件差的柚园疏果宜重，要少留果。

（2）全株疏果法。是指在生理落果后将树上的果实全部一次性摘除的方法。全株疏果法的时间以 7 月上中旬至 8 月中旬为宜，这样疏下的小青果既有较高的产量又有较好的品质。全株疏果法应选择连续晴天的天气疏果，以便于小青果的晒制。采用全株疏果法的柑橘园树势强，第二年开花结果好，对促进食用鲜果高产优质作用大。建议实施全株疏果法的柑橘园第二年生产食用鲜果。

（3）捡拾生理落果法。生理落果也是胡柚小青果的一大来源。衢州市农业科学研究院和常山特产站前两年进行的试验证明，生理落果比同期的人工疏果黄酮类化合物含量和抗氧化活性更高。橘区老人在家门口通过捡拾生理落果不仅能增收，还能清洁柚园，避免病果留在园内造成病源基数增多的现象。生理落果宜在树上掉落 3 天内捡拾为宜。

48. 庭院如何种植柑橘以达到绿化美化效果？

答：柑橘是庭院绿化美化的理想树种。它四季常绿，枝叶美观，终年不凋，绿意盎然，富有园林情趣。春天繁花似锦，芳香四溢；夏秋硕果累累；秋冬红果绿叶交相辉映，香气扑鼻。

（1）庭院种植柑橘有哪些好处？

一是可以达到绿化美化环境的效果。柑橘树姿优美，枝叶四季常绿不凋，春可赏花，夏添阴凉，秋冬可品果。

二是洁化庭院环境。柑橘树能吸收二氧化碳和对人体有害的二氧化硫、氯、氟等气体，净化空气，释放氧气；柑橘叶和果中的芳香油有杀菌的作用；枝叶可遮挡、过滤和吸附空气中的粉尘；保持水土、涵养水源。

三是保健养生作用。人们经常在庭院橘树下漫步，观花品果，呼吸清新空气，或坐在橘树下品茶下棋，幽雅和舒适安静感会油然而生；可采摘新鲜果实食用，也可就近取用橘皮烹制美食或用橘叶、橘果煮汤洗浴以去乏提神。

四是可以增加经济收入。除了果实可出售外，柚树、香抛等树干还是优质木材。

（2）如何种植柑橘以绿化美化庭院？

一是因地制宜选择品种。主要选择树姿挺拔漂亮、果实形状着色漂亮美观、香气浓郁、有较强的抗寒性和抗病虫能力、适应本地土壤气候条件的柑橘良种，如香抛、佛手、满头红、金橘、春香、甜春橘柚、马家柚、胡柚、大分特早熟温州蜜柑、宫川早熟温州蜜柑等品种。

二是合理布局。品种布局由南往北依次种植矮冠（佛手、金橘、大分特早熟温州蜜柑等）、中冠（满头红、春香、胡柚、甜春橘柚、宫川早熟温州蜜柑等）和高冠品种（香抛、马家柚等），使整个布局呈南低北高状态，以充分利用光能和空间。在避风向阳处可种植佛手和春香等，而在冬季迎风处可种植满头红、宫川早熟温州蜜柑等抗寒性较强的品种。

三是科学种植和管理。

种植：庭院内的土要求深厚、疏松、肥沃，若为瘠薄之地应先客土。按株行距（2.5～3.5）米×（3～4）米种植。种植前挖深80厘米、直径 1 米的种植穴，填入菌渣、发酵腐熟栏肥、商品有机肥、饼肥等 100 千克以及塘泥、淤泥等土杂肥，与土拌匀后，高出地面 15～20 厘米，静置 3 个月后种植。

整形修剪：树干留 80～150 厘米高，主枝分杈处以下抹除所有萌芽和新梢，培养圆头形树冠。果实采收后进行大枝修剪，剪去交叉大枝、过密大枝和枯死枝，回缩结果枝组。

土肥水管理：橘树封行前空地上种植三叶草或铺人工草皮，草种以麦冬为好，及时拔除其他杂草。每年施 2～3 次肥料，每株施商品有机肥 10～20 千克或菜籽饼 3～5 千克加三元复合肥 0.5～1.5 千克。梅雨季节或大雨过后注意排水，连续 20 天不下雨应浇水。

病虫防治：庭院橘树应坚持农业防治、生物防治和物理防治为主，尽量少用农药。在冬季来临前修剪枯枝、病虫枝集中烧毁，主干用石灰水涂白既防病治虫又抗寒防冻。天牛成虫人工捕杀，幼虫用细铁丝钩杀或用浸蘸 5 倍敌敌畏农药的棉花球堵塞虫洞。若红蜘蛛等发生较重时，可使用石硫合剂等矿物油和苦楝油等生物杀虫剂防治。

49. 橘园生态养鸡的好处和管理要点有哪些？

答：橘园养鸡是充分利用橘园中的杂草、昆虫等天然食料及土地空间，以放牧为主、补充饲料为辅的一种生态循环立体种养模式。

（1）橘园生态养鸡的好处。一是抑制杂草和病虫的发生。鸡在橘园里活动，取食青草、草籽、昆虫，对杂草的生长和病虫的发生有一定的防除和抑制作用。二是培肥地力，减少肥料投入。鸡粪中含有氮、磷、钾等橘树生长所需要的多种营养物质，每亩养 40 只鸡可减少肥料投入 50% 左右。三是增强鸡群体质，减少疾病发生。四是促进果实和鸡肉（蛋）品质，提高综合效益。养鸡橘园的果实外观和品质都有改进。产出的鸡或蛋无腥味、品质好、味道鲜美，颇受消费者欢迎，所以价格高、效益好。

（2）橘园生态养鸡的主要技术。

一是选择适宜的鸡品种。选择抗病力强、觅食性好、成活率高、性格温顺、不善飞翔、肉质细嫩鲜美的地方蛋（肉）鸡良种，如浙江仙居鸡、浙大黄、江山白毛乌骨鸡、广东三黄鸡、广西麻黄鸡、福建清麻鸡等。

二是改善橘园养鸡环境。每亩栽 50 株左右、覆盖率 75%～80% 的橘园最适宜养鸡，这样的橘园饲料充足、通风透光又有阴凉度夏环境。过密的橘园应进行隔行（株）间伐和大枝修剪。在橘园四周围一圈高 1.8～2 米的尼龙网，网底部和上部固定好。在避风向阳、地势较高、排水良好、环境安静的地方，用石膏保温板、石棉瓦等材料建设鸡舍，每 1.5 亩橘园建 1 个鸡舍。较大橘园建 2 个以上的鸡舍应分散布置。

三是培育健壮雏鸡。育雏要把握温度、湿度、光照和进食 4 个主要环节。

四是放养初期管理。5 周龄的雏鸡在不下雨的良好天气进橘园放养。放养密度为每亩 40 只左右。密度过大，鸡自然采食不足而依赖饲料，会降低鸡肉和蛋的风味品质，还会踩踏橘园致地面过紧而影响果实品质。前半个月每次喂食时吹哨子，使鸡形成条件反射，听从信号，便于以后管理。热天应早晚放，中午在树阴下休息或赶回鸡舍。天气突变前应及时将鸡赶回鸡舍以免鸡感冒生病。

五是防疫消毒。在畜牧技术人员的指导下制订疾病防治技术方案，及时做好马立克氏病、新城疫、传染性法氏囊病等主要传染病的免疫工作。病死鸡及时发现并无害化处理。病鸡隔离饲养，避免交叉感染造成损失。免疫用过的疫苗瓶、橘园防病虫用过的农药瓶（袋）等不能乱丢，应在橘园外集中堆置处理。平时要做好场地、工具等的定期消毒，在橘园的出入口放生石灰消毒，每周更换 1 次。放养区域尽可能减少外来人员进出。

六是补充饲料及饮水。橘园内的金龟子、蜘蛛、食心虫、象甲、尺蠖、蚂蚱、蟋蟀、毛虫和蚯蚓等都是鸡的天然优质高蛋白质饲料，橘园养鸡防止过量喂食，否则鸡不愿啄食小草、昆虫及蚯蚓。在橘园内放置饮水。放养初期中午和下午各补充喂养 1 次全价饲料，中午量可少些，晚餐量可多些。以后全部换为谷物杂粮，并投入薯藤、瓜壳果皮等，补充投料原则为宜晚不宜早，以人为地促使它们在果园中寻找食物，增加鸡的活动量，采食更多的有机物，提高鸡肉和蛋的风味品质。

七是防止动物天敌危害。橘园养鸡要防止鹰、蛇、老鼠、黄鼠狼等动物攻击，刚放养时更要注意保护。鸡舍应堵塞漏洞、缺口，鸡舍门窗等应设置用尼龙网做成的防护层，防止蛇、黄鼠狼等动物窜入鸡舍。加强值班和巡查，观察橘园及周边野兽等天敌情况。在鸡回窝时清点数量，以便及时发现问题采取防范措施。

八是轮流交替放养。橘园放养鸡主要以园内的草、虫等为食，因此轮流交替放养是提高橘园养鸡效果的重要措施。可将橘园用丝网等围栏分区轮放，一个月换一个地方。这样放养过的橘园区域有一个休养生息期，地里的鸡粪会促进小草生长，喂养蚯蚓、昆虫等，等下次轮养时又有较多的小草、蚯蚓等供鸡采食。如此循环往复有利于形成良好生态食物链，促进鸡、果双丰收。

九是橘树管理。放养鸡的橘园地里随时有鸡粪等补充，而鸡粪含有大量的有机质和氮、磷等营养，因此施肥上应适当补充钾肥，在 9 月以前施用。9 月后不能施肥，以免橘树因氮肥过量引起树体生长过旺，果实大而味淡，上市期延迟。而放养的鸡长期践踏使土壤紧实板结，鸡粪堆积在园土表面，所以养鸡的橘园每 2 年进行 1 次土壤翻耕，于春季橘树萌芽前进行。翻耕时，每亩撒施石灰 50～100 千克后翻耕效果更好，可达到松土、降酸、防止根系上浮等目的。

采用病虫绿色防控技术来控制病虫害的发生：优先采用农业措施、物理防治、生物防治措施，不得已采用化学防治则要选择低毒低残留高效农药，以挑治、点治的方式喷施农药。在喷农药时及喷药后 3 天内，应将鸡关进鸡舍或放养在不喷农药的区域。

（3）橘园生态养鸡的注意事项。

一是养鸡的密度和规模不能过大。养鸡密度大不仅要补充的饲料量大、综合成本增加，而且出产的鸡风味品质下降。同时，园地土壤被鸡踩踏坚实板结，也不利于橘树生长。规模过小经济效益小，规模过大管理难、风险大。一般每亩橘园养鸡数不超过50 只，每个劳动力饲养管理 1 200～1 500 只鸡为宜。

二是防止啄羽、啄肛。在 6～7 日龄及时断喙，上喙断 1/2，下喙断 1/3，断喙前 3 天饮水中加入维生素 K_3，以防出血和应激反应。

三是适时上市。橘园鸡放养期太短，肉质过嫩、风味差，影响销路；放养期太长，饲料报酬率低，也影响效益。一般橘园放养的鸡在羽毛丰满、色泽光亮、叫声有力、体重达 1.5～2 千克时上市。

50. 衢州柑橘为什么要做好综合开发利用文章？

答：柑橘是受广大消费者喜爱的鲜食水果，它全身都是宝，是综合开发利用价值较高的农产品资源，产业化发展前景广阔。

（1）柑橘的主要用途。柑橘除了做水果鲜食外，还有以下用途：

一是药用。柑橘皮、肉、核、络、叶等都可入药。据《日用本草》记载，食用柑橘果肉"止渴、润燥、生津"。未成熟的果实或青色果皮，中药称青皮，有疏肝破气、散结化滞之功效。《本草纲目》称陈皮（干橘皮）有理气健胃、祛痰镇咳、祛风利尿、降逆的作用，可治疗脾胃气滞、脘腹胀满、消化不良、食欲不振、恶心呕吐、咳嗽痰多、胸膈满闷等症。橘红丸就是以橘皮为主要成分制成的止咳化痰成药。橘络即橘瓣表面的白色网络丝，能通络、理气、化痰。橘核能理气、散结、止痛，适用于小肠疝气、睾丸肿痛、乳腺炎和腰痛。用橙、橘提取的酊剂，西药称为橙皮酊，有健胃、理气、止咳、平喘的作用。橘叶能疏肝行气、化痰、消肿毒。现代科学证明，柑橘果实中含有丰富的黄酮类、类柠檬苦素、类胡萝卜素等生物活性成分，是药用基础物质。《中国药典》收录的中药"枳壳"是指酸橙及其栽培变种的干燥未成熟果实。

二是食用。橘皮粉、咸柑橘、酸柠檬、陈皮、橘醋等是食品调味料，其中尤以衢橘皮和香橙皮制作的橘皮粉为高档美食的天然调味料。在烹制鱼、羊肉、狗肉等美食时加入橘皮可提色去膻腥增香气，使菜肴更可口。从橘皮中提制的果胶被广泛应用在果酱、糕点、饼干、雪糕、酸奶、冰淇淋等食品中，不仅可以改善食品的组织结构、提高食品的胶凝度和保型性，还能改进食品的风味及口感。柠檬和香橙等属特色柑橘种类，其果实富含有机酸和芳香物质，香而酸的特征明显，有机酸含量可高达 5％～6％。柠檬和香橙等香酸柑橘若以新鲜切片盛盘，则主要起到杀菌、提味、去腥的作用；若加入肉、鱼中，炖、煮、煎等，则以有机酸与脂类发生反应，菜肴更香、更入味而不腻。陈皮鸭、柠檬鸭、芸香豉、清水鱼、清炒枸壳、陈皮粥、陈皮排骨汤、橘皮小炒为各地风味特色美食。

三是保健养生。从鲜橘皮中提取的香精油为化妆品的天然优质原料。喝酒后吃 1～2 个胡柚能醒酒解毒。洗柚叶浴、柚果浴不仅去乏提神，还有预防或治疗初起之伤风感冒的功效。柠檬果 2～3 个连皮捣烂，用开水冲泡饮服能消暑解毒，治恶心呕吐，防肠道感染，为安度炎夏的价廉物美自制饮料。佛手果用白酒浸泡制成"佛手酒"，淡黄晶莹，芳香扑鼻，健脾温胃，对胃痛、胃寒、慢性胃炎有疗效。佛手果切片开水冲泡当茶饮用，也能护胃健胃。糖渍金橘则能止咳化痰、醒酒解郁、开胃消食。

（2）**衢州柑橘综合开发利用基础好。**一是衢州柑橘药用历史悠久，早在明清时就有枳壳、陈皮等中药材作为贡赋之品。二是衢州柑橘深加工和综合利用种类多、品种全、起步早、技术较先进。三是有将橘皮用作烹制鱼、肉美食原料的习惯，以及将香枸皮和衢橘皮直接做美食的爱好。四是形成胡柚小青果药用产业基础以及果胶、黄酮类等国内具有知名度的柑橘综合开发产品。

（3）衢州柑橘综合开发利用建议。

一是加强领导和规划引领，重视柑橘资源综合开发利用产业化。在"创新、协调、绿色、开放、共享"的发展理念指引下，从产地实际出发，进行供给侧结构改革设计规划，重视柑橘的深加工和综合开发利用，制订柑橘药用、食用、保健养生产品产业化开发规划，调整柑橘产业结构。

二是引进高端智力，提供强有力的技术支撑。加大与高等科研院所的技术协作，组建产业技术联盟，加大柑橘资源药用、食用、保健养生产品的技术和工艺开发，为衢州柑橘资源综合利用产业化提供技术支撑。

三是引进龙头企业，加强产业融合，形成品牌。以满足市场多方面需求为目标，引进国内外知名企业来衢进行柑橘资源的深加工和综合利用，深度挖掘特色柑橘资源，力争培育药用胡柚小青果、柑橘特色美食和柑橘养生保健等特色产业。尤其重视柑橘深加工副产品的综合利用与休闲观光农业结合，促进产业融合，提高柑橘的文化内涵、生活内涵和附加价值，提升特色柑橘资源产品的市场魅力，延伸柑橘资源开发的产业链，推进柑橘产业的转型提升。

参 考 文 献

毕旭灿，刘春荣，李水昌，等，2013. 常山胡柚小青果加工促农增收调查 [J]. 中国果业信息，30（11）：19 - 20.

曹唐林，王国军，刘春荣，等，2006. 推广橘园托管　促进橘园流转　提高产业效益——衢州市橘园流转现状调查与对策 [J]. 中国果业信息，23（2）：12 - 15.

查波，刘春荣，2012. 椪柑疏树疏枝及枝叶还园技术 [J]. 中国园艺文摘（3）：165 - 166.

陈子敏，陈俊伟，徐红霞，等，2012. 加温促成栽培上野温州蜜柑物候期与品质变化特性研究 [J]. 果树学报，39（3）：328 - 332.

方培林，2010. 衢州市柯城区柑橘产业差异化竞争战略探讨 [J]. 浙江柑橘，27（3）：5 - 9.

方培林，刘春荣，2001. 椪柑疏果指标研究 [J]. 浙江农业科学（2）：73 - 75.

顾冬珍，陈健民，2005. 柑橘"三疏一改"及优化配套技术的应用与推广 [J]. 中国南方果树，34（6）：5 - 9.

李国康，陈健民，2008. 衢州地区橘园旱害及防控技术 [J]. 浙江柑橘，25（3）：12 - 15.

刘春荣，1992. 适于盆栽的柑橘种类与品种 [J]. 中国花卉盆景（11）：15.

刘春荣，1995. 柑橘盆栽技术（上）[J]. 中国花卉盆景（7）：14.

刘春荣，1995. 柑橘盆栽技术（下）[J]. 中国花卉盆景（8）：18.

刘春荣，1997. 一树两果技术 [J]. 植物杂志（6）：25.

刘春荣，1999. 日本在柑橘保健作用研究进展 [J]. 植物杂志（6）：41.

刘春荣，2003. 柑橘果实套袋完熟栽培技术 [J]. 江西园艺（6）：17 - 18.

刘春荣，2004. 温州蜜柑高糖栽培基础、方法及管理要点 [J]. 福建果树（1）：52 - 53.

刘春荣，2005. 衢州柑橘出口前景及扩大出口措施探讨［J］. 中国果业信息（5）：22-25.

刘春荣，2005. 衢州市推进柑橘产业标准化的实践与思考［J］. 柑橘与亚热带果树信息（3）：4-6.

刘春荣，2012. 我国观光果园现状、存在问题与发展对策［J］. 中国果业信息，29（10）：16-21.

刘春荣，2015. 衢州市柑橘生态价值开发成效与对策浅析［J］. 中国果业信息，32（10）：12-13，30.

刘春荣，2017. 衢州柑橘品种发展对策思考［J］. 浙江柑橘，34（2）：5-8.

刘春荣，毕旭灿，郑雪良，等，2014. 常山胡柚疏果试验［J］. 浙江柑橘，32（2）：15-18.

刘春荣，陈骏，吴雪珍，等，2016. 红美人在衢州的引种表现与适产优质栽培技术［J］. 浙江柑橘（4）：15-19.

刘春荣，2002. 化学防治对柑橘红蜘蛛发生的影响［J］. 浙江柑橘（1）：27-28.

刘春荣，方培林，郑雪良，2005. 椪柑果实的商品化处理技术［J］. 江西园艺（1）：14-15.

刘春荣，方培林，郑利珍，等，2013. 促进衢州椪柑出口的主要措施与成效［J］. 中国果业信息，30（7）：9-15.

刘春荣，方培林，杨海英，等，2000. 柑橘果实套袋栽培试验［J］. 中国南方果树，29（5）：10-11.

刘春荣，黄国善，方培林，等，2001. 衢州椪柑适产优质高效栽培技术［J］.中国南方果树，30（4）：10-11.

刘春荣，宋雪刚，郑江程，等，2009. 废弃腐烂柑橘的无害化处理技术［J］.中国果业信息，26（3）：57.

刘春荣，孙崇德，毛正荣，等，2016. 椪柑"节本提质"施肥技术研究初报［J］. 中国南方果树（3）：61-64.

刘春荣，唐鹏，2012. 衢州市柑橘产业转型提升与推进对策［J］. 浙江农业科学（12）：1660-1665.

刘春荣，王登亮，郑雪良，等，2014. 椪柑刺梨复合果汁的研制［J］. 浙江柑橘，31（4）：13-16.

刘春荣，王登亮，郑雪良，等，2015. 胡柚果实的营养与功能性组分研究进展［J］. 浙江农业科学，56（2）：253-257.

刘春荣，王家强，郑雪良，等，2016. 橘园生态养鸡模式初探 [J]. 上海农业科技 (3)：76-77.

刘春荣，王清渭，吴雪珍，等，2017. 鸡尾葡萄柚在浙江衢州的引种试验 [J]. 浙江农业科学，34 (2)：5-8.

刘春荣，王世良，2006. 脐橙果实套袋试验 [J]. 现代园艺 (8)：3-4.

刘春荣，吴文明，吴雪珍，等，2008. 衢州市出境柑橘园注册登记的现状与发展对策 [J]. 中国果业信息 (9)：20-22.

刘春荣，吴雪珍，杨海英，等，2010. 满头红在衢州的引种表现与发展措施 [J]. 中国果业信息，27 (6)：12-13.

刘春荣，吴雪珍，郑雪良，等，2016. 不知火品种的主要特性与栽培技术要点 [J]. 浙江柑橘 (2)：27-29.

刘春荣，吴雪珍，郑雪良，等，2016. 柑橘省力化栽培技术 [J]. 中国果业信息，33 (6)：56-57.

刘春荣，吴雪珍，郑雪良，等，2016. 柑橘资源制作美食现状与产业化开发建议 [J]. 中国果业信息 (9)：13-15.

刘春荣，徐南昌，郑利珍，等，2014. 椪柑病虫害绿色防控技术初探 [J]. 中国南方果树，43 (6)：116-117.

刘春荣，杨海英，吴雪珍，等，2008. 温州蜜柑果实品质几个相关指标的研究 [J]. 农业科技通讯 (7)：39-40.

刘春荣，杨海英，吴雪珍，等，2009. 天草橘橙的主要特性及丰产优质栽培关键技术 [J]. 中国南方果树，38 (1)：15-16.

刘春荣，张百寿，1995. 特早熟温州蜜柑栽培技术要点 [J]. 中国柑橘 (1)：32-33.

刘春荣，张百寿，1996. 保健话柑橘 [J]. 植物杂志 (6)：8-9.

刘春荣，郑江程，吴雪珍，等，2009. 一种小型柑橘盆栽的快速培育方法 [J]. 浙江农业科学 (5)：893-895.

刘春荣，郑江程，杨海英，等，2008. 节能型柑橘设施栽培技术研究 [J]. 浙江农业科学 (1)：19-22.

刘春荣，郑雪良，2013. 衢州市休闲观光果园发展前景与对策分析 [J]. 农业科技通讯 (12)：41-43.

刘春荣，郑雪良，2014. 灿烂辉煌的中国柑橘文化 [J]. 中国果业信息，31 (4)：65-68.

刘春荣，郑雪良，查波，等，2008. 橘园填埋柑橘腐烂果实对土壤理化性状的影响 [J]. 中国南方果树 (2)：8-9.

刘春荣，郑雪良，吴雪珍，等，2014. 衢州椪柑出境果园的管理制度与标准化生产技术 [J]. 浙江柑橘，31 (3)：11-14.

刘春荣，郑雪良，郑江程，等，2002. 橘全爪螨对克螨特的抗药性测定 [J]. 中国南方果树 (2)：11-12.

石学根，陈俊伟，徐红霞，等，2011. 透湿性反光膜覆盖对椪柑果实品质的影响 [J]. 果树学报，28 (3)：418-422.

石学根，陈子敏，张林，等，2015. 柑橘设施栽培技术 [M]. 北京：金盾出版社.

宋雪刚，刘春荣，朱新春，等，2009. 腐烂柑橘果实生产沼气试验 [J]. 浙江农业科学 (4)：292-294.

王世良，刘春荣，姚爱女，等，2005. 清见和不知火果实套袋完熟栽培试验 [J]. 现代园艺 (5)：3-4.

吴雪珍，刘春荣，杨海英，等，2010. 衢州市橘园生草栽培技术 [J]. 现代园艺 (11)：23-24.

叶兴乾，2005. 柑橘加工与综合利用 [M]. 北京：中国轻工业出版社.

张百寿，刘春荣，1995. 低丘红壤幼龄橘园间作"云顶早"蒜及其改土效应 [J]. 农业科技通讯 (9)：24.

张林，柯甫志，罗文杰，等，2013. 设施栽培条件下椪柑延后采摘果实品质的变化 [J]. 浙江农业科学 (1)：30-32.

郑江程，刘春荣，吴雪珍，等，2009. 小型柑橘盆栽速成生产技术 [J]. 中国南方果树，38 (4)：28-29.

郑江程，刘春荣，郑雪良，等，2008. 柑橘"双膜覆盖＋地面垫砻糠"设施栽培技术 [J]. 中国南方果树，37 (3)：15-16.

郑雪良，刘春荣，王登亮，等，2015. 胡柚小青果的黄酮类化合物及抗氧化活性研究 [J]. 浙江农业学报，27 (7)：1185-1191.

郑雪良，刘春荣，郑江程，等，2015. 提高柑橘大树移栽成活率的关键技术 [J]. 浙江柑橘，32 (3)：20-21.

郑雪良，刘春荣，朱卫东，等，2015. 胡柚粒粒橙饮料的研制 [J]. 浙江农业科学，56 (2)：241-243.